AF536887

FSC
www.fsc.org
MIX
Papier aus verantwortungsvollen Quellen
Paper from responsible sources
FSC® C105338

Alfons Wahr

Geologie, Archäologie, Geschichte der Amper

Entstehung unserer Welt

Eiszeiten
zwischen Isar und Lech
zwischen Würm und Amper

Amper-Schlucht
zwischen
Grafrath und Schöngeising

Impressum

1. Auflage 12/2024
Gzell.wahr@gmx.de

Umschlagsgestaltung: Alfons Wahr
ein 180°-Foto vom Zufluß (re)
zum Abfluß (li) der Amper
gegenüber der Sunderburg
von Johannes Wahr

Lektorat: Alfons Wahr

Verlag: BoD · Books on Demand GmbH,
In de Tarpen 42, 22848 Norderstedt,
bod@bod.de

Druck: Libri Plureos GmbH, Friedensallee 273,
22763 Hamburg

ISBN: 978-3-7693-1490-8

Inhaltsverzeichnis

Vorwort

Am 30. Oktober 2024 habe ich bei der Arbeitsgruppe

Vor- und Frühgeschichte im Verein HVF
Historischer Verein Fürstenfeldbruck

vorgeschlagen einen Vortrag/Lesung über die

Ammer+Amper und Amper-Schlucht

zu halten. Die Arbeitsgruppe zeigte deutliches Interesse, so habe ich dieses Script hierzu geschrieben und ein Buch daraus erstellt.

Diesen Text habe ich ursprünglich nicht für den Vortrag zusammengeschrieben, sondern für ein privates, also nicht öffentliches Buch. Die Erstellung von über 100 Seiten – zum Teil wissenschaftlichen – Text dauerte einen Monat.

Hinweis:
Textteile und Bilder des Kapitels 1 sind zum Teil von

wikipedia

entnommen – die monatlich von mir eine Spende erhalten für ihre tolle Informationen – und dies werbefrei!

Angegebene Jahreszahlen in den ersten Kapiteln 1 und 2 werden je nach Quelle unterschiedlich festgelegt, sind zum Teil umstritten, kleinere oder größere Abweichungen sind somit möglich! Es gibt hier sogar zeitliche Widersprüche wie z.B. zur Geschichte der Entstehung unserer Kontinente und den Klimahypothesen und -prognosen.

1. Geologie vor sehr sehr langer Zeit

Ausstellung im Jexhof

Udos Welt - Der Fund eines Menschenaffen

Primaten-Gattung Danuvius in Pforzen bei Kaufbeuren

"Leben im subtropischen Alpenvorland vor 12 Mio. Jahren"

Wann hat Gott diese unsere Erde erschaffen?

Kapitel 1: Am Nullpunkt, Ursprung unseres Planeten Erde

Was die Wissenschaftler heute alles wissen:

Wikipedia: Wir nehmen als Geburtstermin üblicherweise den Zeitpunkt, an dem unser Planet 99 Prozent seiner heutigen Masse erreicht hatte. Damit ist die Erde heute 4,6 Milliarden Jahre alt. Die Erde ist der dichteste, fünftgrößte und der Sonne drittnächste Planet des Sonnensystems. Sie ist Ursprungsort und Heimat aller bekannten Lebewesen. Ihr Durchmesser beträgt mehr als 12 700 Kilometer.

Wie alt kann die Erde noch werden?

Für rund 1,75 bis 3,25 Milliarden Jahre wird dennoch weiter Leben auf unserem Planeten existieren können, berichten britische Forscher im Fachblatt "Astrobiology" . Erst dann wird die Sonne sich so weit zu einem roten Riesen aufgebläht haben, dass die Hitze sämtliches Wasser auf der Erdoberfläche verdampft.

Vor ca. 4,6 Mio. Jahren entstand unser Planet, anfangs war ein glühender Feuerball, dies sind die Äonen Hadaikum. Die Erde bildete mit zunehmender Abkühlung eine Kruste und flüssiges Wasser konnte sich bilden, die Zeit des Archaikum.

Vor 2,5 Milliarden Jahren bildeten sich primitive Lebewesen, die Epoche des Proterozoikum. Siehe auch weiter unten.

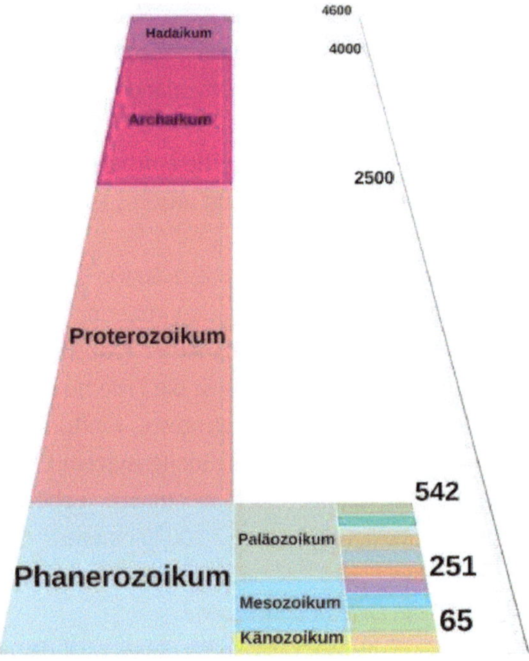

Abb. 1 Zeitbalken 0-4.600 Mio

Diese Zeitspanne endete vor 550 Millionen Jahren mit einer „Explosion des Lebens": Innerhalb kurzer Zeit entwickelte sich aus den primitiven Lebensformen eine enorme Artenvielfalt. Diese Arten waren viel komplexer gebaut – und einige hatten auch schon harte Schalen, die erstmals als Fossilien erhalten blieben. Daher wird für die Wissenschaftler die Geschichte des Lebens erst ab diesem Zeitpunkt so richtig sichtbar. Und nach dem griechischen Begriff für „sichtbar" ist auch diese Epoche benannt: Phanerozoikum.

Diesen Zeitraum des Phanerozoikum möchte ich hier noch weiter aufspalten, denn auch im nachfolgenden Text werden diese Epochen namentlich erwähnt, angefangen mit dem ersten bekannten aufrecht gehenden „Lebewesen" im Devon. Die Zeitskala rechts benennt Die Zeit in Mio. Jahren.

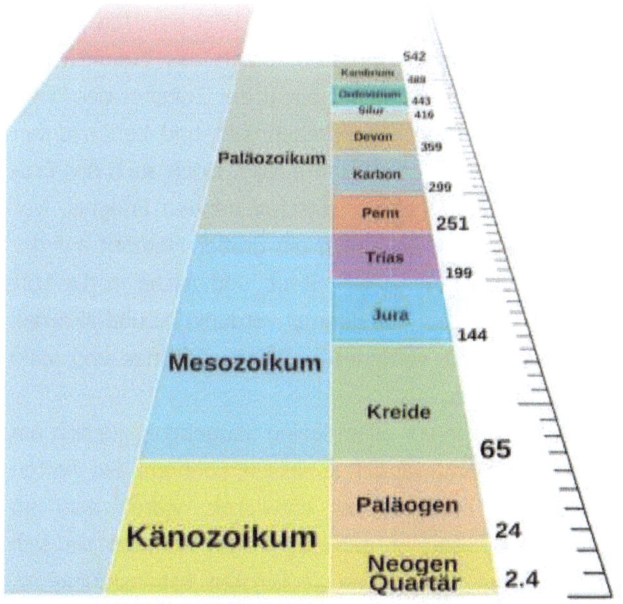

Abb. 2 Zeitbalken 0- 542 Mio

Diese Ära begann vor 550 Millionen Jahren mit der massenhaften Entstehung neuer Arten. Man nennt sie das Erdaltertum oder Paläozoikum. Zunächst spielte sich das Leben nur in den Ozeanen ab. Dann besiedelten die Pflanzen das Land, später zog auch die Tierwelt nach: Zuerst entwickelten sich die Amphibien, die sich bereits ein wenig an Land vortasten konnten, und schließlich auch Reptilien, die unabhängig vom Wasser wurden und das Land eroberten. Das Erdaltertum endete vor etwa 251 Millionen Jahren mit dem größten Massensterben aller Zeiten: Über 90 Prozent aller Tier- und Pflanzenarten starben aus, möglicherweise als Folge eines Meteoriteneinschlags.

Als sich die überlebenden Tier- und Pflanzenarten an ihre neue Umwelt gewöhnen mussten, brach das Erdmittelalter oder Mesozoikum an. Es ist vor allem das Zeitalter der Dinosaurier: Riesige Echsen entwickelten sich und beherrschten das Leben fast 200 Millionen Jahre lang. Doch auch das Erdmittelalter endete mit einem einschneidenden Ereignis: Vor etwa 65 Millionen Jahren schlug ein großer Meteorit auf der Erde ein. Dabei wurde so viel Staub und Asche in die Luft geschleudert, dass sich der Himmel verdunkelte und sich das Klima für lange Zeit veränderte. Die Dinosaurier und viele andere Arten starben aus.

Davon profitierten vor allem kleine Säugetiere, die sich am besten an den Klimawandel anpassen konnten. Sie hatten sich bereits im Erdmittelalter entwickelt, waren aber im Schatten der Dinosaurier geblieben. Nun konnten sie sich rasant ausbreiten, die unterschiedlichsten Lebensräume erobern und sich immer weiter entwickeln. Auch der Mensch stammt von dieser Gruppe ab. Dieses jüngste Zeitalter hält bis heute an und wird daher auch die Erdneuzeit oder Känozoikum genannt.

Im Anfang gab es vor 300 Mio. Jahren einen Superkontinent Pangäa im Ozen Tethys, dieser zerbrach vor ca. 200 ... 150 Mio. Jahren. So entstand der Nordkontinent Laurasia abgetrennt vom Südkontinent Gondwana.

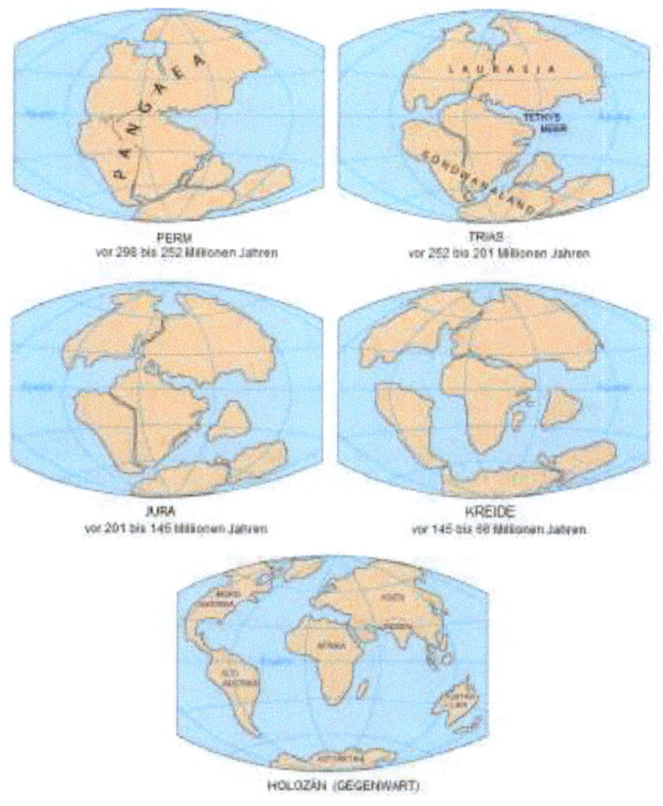

Abb. 3 Kontinentbildung

Superkontinent im Zerfallsprozeß:

Pangaea	Perm	298 – 252 Mio. Jahren
Laurasia, Gondwana	Trias	252 – 201 Mio. Jahren
	Jura	201 – 145 Mio. Jahren
	Kreide	145 - 66 Mio. Jahren
Nord-, Südamerika, Afrika, Asien, Austalia, Antarktika	Holozän	Gegenwart

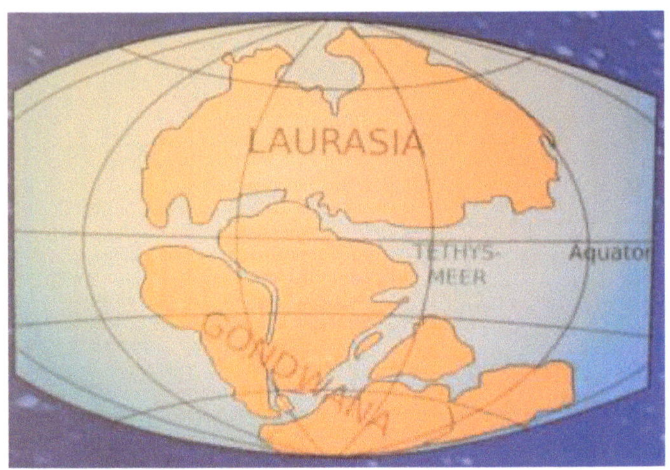

Abb. 4 Superkontinent, Trias, vor 250 bis 200 Mio. Jahren

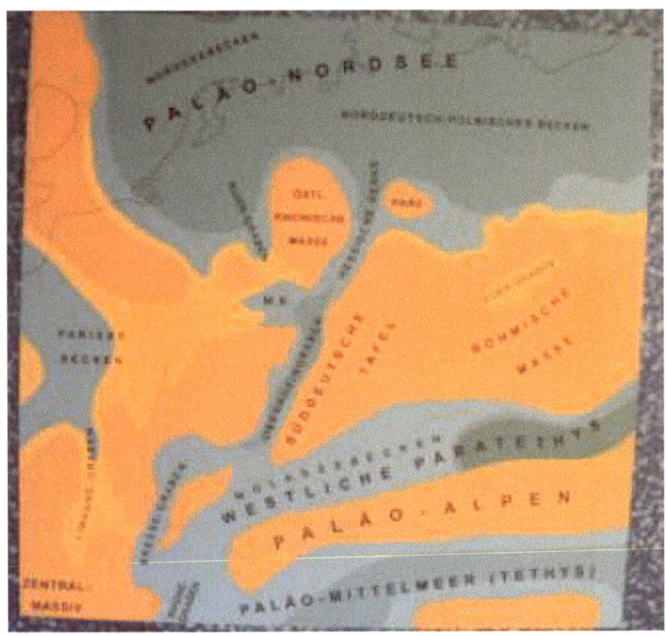

Abb. 5 Deutschland vor 40 ... 30 Mio. Jahren

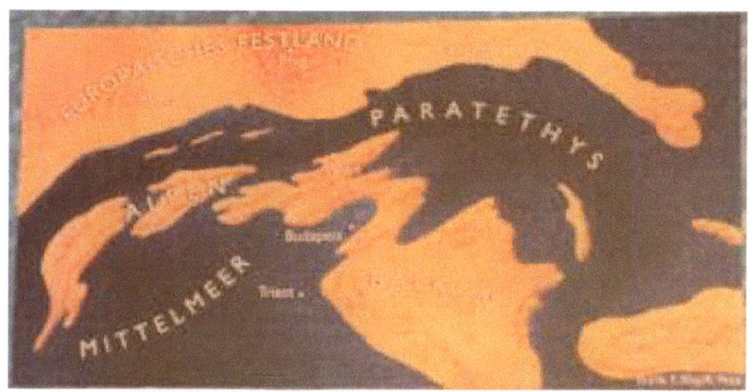

Abb. 7 Parathetys vor ca. 25 Mio. Jahren

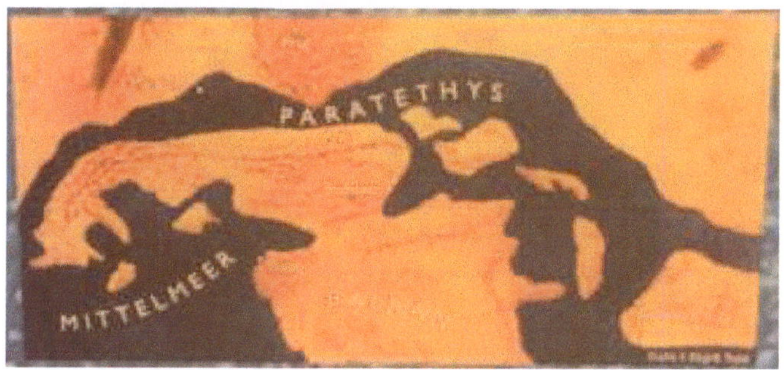

Abb. 8 Vor 20 Mio. Jahren, bei uns Meer mit Ost-/West-Verbund

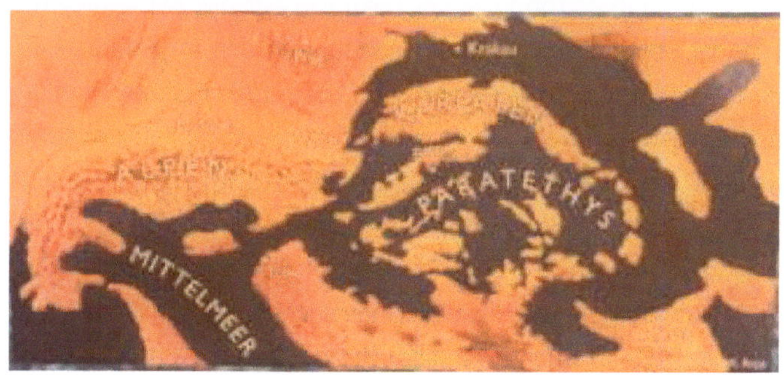

Abb. 6 Südeuropa vor 13 Mio. Jahren

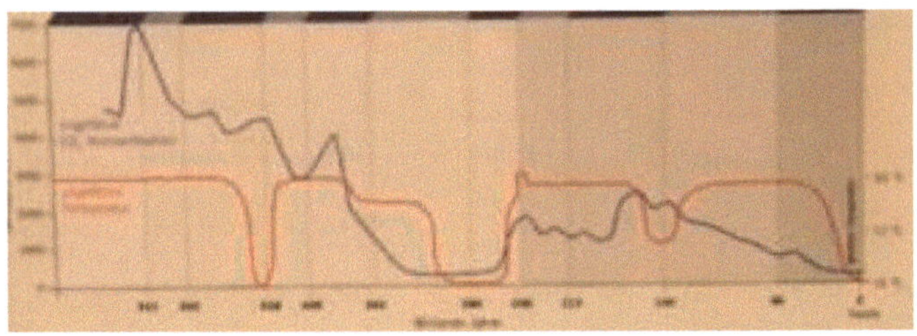

Abb. 9 CO2-Konzentration, Temperatur

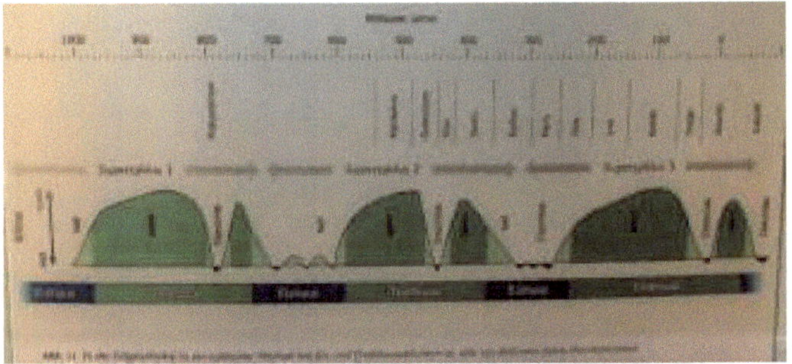

Abb. 10 Eiszeit-Phasen, treibende Kraft der Evolution, 1000 Mio.

Wechsel von Eis- und Treibhauszeiten:

Der Einfluß astronomischer Faktoren auf das Klima unserer Erde ist spätestens seit den Forschungen des Ingenieurs und Mathematikers Milutin Milanković (1879-1958) bekannt. Milutin Milanković war ein jugoslawischer Bauingenieur, Mathematiker und Geowissenschaftler. Milanković erlangte 1920 durch die Berechnung der Milanković-Zyklen große Bekanntheit in der Quartärforschung und der Paläoklimatologie. Die Forschungsergebnisse seiner Untersuchungen ist hoch interessant, jedoch auch komplex. Mehr dazu hier unter diesem Link: https://de.wikipedia.org/wiki/Milankovi%C4%87-Zyklen, bzw. unter dem Suchbegriff: „Milanković-Zyklen".

Volker Bothmer, Astrophysiker an der Uni Göttingen, hat die These eines zyklischen Wechsels von Eis- und Treibhaus-Zeitaltern alle 150 Mio. Jahre formuliert. Diese Superzyklen könnten – so Bothmer – mit kosmischen Ereignissen erklärt werden.

Die Erde im Wandel Eozän zum Miozän (50 ... 20 Mio. Jahren).

Für Langzeitbetrachtungen der Klimaänderungen, die sich über viele Millionen Jahre erstrecken, sind die Ursachen oft in plattentektonischen Verschiebungen zu suchen. Sie erzeugen Veränderungen in den Kontinentalgrenzen, Meeresströmungen und Gebirgsbildungsprozessen. Zu nennen sind hier zum Beispiel die weite Öffnung des Atlantiks, die Öffnung und Erweiterung des Südlichen Ozeans rund um die Antarktis, die Schließung der mittelamerikanischen Landbrücke sowie die Auffaltung des Himalaya-Gebirges auf Grund der Kollision Indiens mit Asien.

Wie wir hier erkennen konnten ist das Erdklima schon sehr lange ständigen Wechseln ausgesetzt. Im nachfolgenden Kapitel werden 5 Eiszeiten diskutiert, wir sind uns nun im klaren darüber, dass es auch schon früher Eiszeiten gab und sicherlich auch nachfolgend noch geben wird. Dies relativiert die aktuelle Diskussion des Klimawandels, der ja schon „immer" vorhanden war, sich nur durch unsere gestiegene Treibhausgas-Entwicklung in den letzten Jahrzehnten/Jahrhunderten unnatürlich beschleunigen soll.

2. Geologie in unserer Gegend

Vorwort zur Geologie

Siehe [1], Seite 3, verändert!

Auch die Landschaft hat ihre Geschichte, und diese Geschichte schreibt nicht nur der Mensch, sondern es sind vor allem die Kräfte der Natur, welche die Erdoberfläche formen und gestalten. Allerdings sind hier die Zeitmaßstäbe ganz anders zu setzen.

Wenn wir uns in der engeren Heimat umschauen, so bewegen wir uns erdgeschichtlich in einem Zeitraum von etlichen zehn- bis hunderttausend Jahren, in denen die uns geläufigen heutigen Oberflächenformen entstanden sind. Wir blicken jedoch noch ein gewaltiges Stück weiter zurück, wenn wir uns mit den geologischen Verhältnissen da und dort etwas näher vertraut machen. So stoßen wir schon im engeren Umfeld von Wildenroth auf Erdschichten, welche bereits vor 15 Millionen Jahren zur Ablagerung kamen. In der Hauptsache freilich prägen die viel jüngeren beiden letzten Eiszeiten das Landschaftsbild, und im Gebiet unserer Heimatgemeinde waren es die Schmelzwasser aus der letzten Vereisungsperiode, welche unsere Landschaft maßgeblich schufen.

Heimat ist immer auch Wissen um all das, was einem im Leben begegnet und wo man zu Hause ist. Die Amper, und hier vor allem die Amperau ist unsere (meist) zweite Wahlheimat!

Wie sah die Landschaft in früheren Jahren aus?
Siehe [2], ab Seite 6, verändert!

2.1. Die geologische Entwicklung vor Mio. von Jahren

Vor etwa **25 Mio. Jahren**, in der Miozänzeit, war das Gebiet hier von einem **riesigen Meer** bedeckt. Es reichte von der heutigen Donau im Norden bis zum Alpenrand. Über das Wiener Becken und die Rhonesenke hatte es Verbindung zu benachbarten Meeren. Die Alpen waren noch kein Hochgebirge, wie wir es heute kennen, sondern glichen eher einem Mittelgebirge.

Der Abtragungsschutt des Gebirges füllte das Meeresbekken langsam auf. Eine weitere Faltungsbewegung der Alpen ließ das Gebirge weiter nach Norden rücken. Dabei wurde der Schutt, der unmittelbar am Alpenrand lag, zu Bergen aufgefaltet. (Der Hohenpeißenberg ist z. B. auf diese Weise entstanden.)

Erst vor **etwa 7 Mio. Jahren**, im Pliozänzeitalter, wurden die **Alpen** kräftig angehoben und **zum heutigen Hochgebirge umgeformt**. Die Berge waren seit dieser Zeit den Erosionsfolgen von Wind und Wetter ausgesetzt. Der dabei anfallende Verwitterungsschutt füllte allmählich die Meeressenke auf und verdrängte dadurch das Wasser aus dem Becken. Die Ablagerungen erreichten eine Mächtigkeit von über 2500 m, wie bei Erdölbohrungen festgestellt wurde. Das jüngste Schichtglied aus dieser Serie ist der Flinz, eine feine, aber feste Sandschicht. Zu dieser Zeit herrschte auch ein ganz anderes Klima als heute. Große Seen und Flüsse waren von Urwäldern umgeben, aus denen später nach mehrfachen

Überflutungen Kohleschichten entstanden (z. B. Penzberg). In den subtropischen Wäldern hausten Affen, Nashörner und auch Säbelzahntiger. Vor wenigen Jahren fand man bei Mühldorf am Inn sogar das Skelett von einem Mastodon, einem elefantenähnlichen Säugetier.

2.2. Die Eiszeiten hinterließen ihre Spuren

Vor über 1 Mio. Jahren verschlechterte sich das Klima zusehends und vor 1,2 Mio. Jahren hinterlässt bereits die erste Eiszeit ihre Spuren. Insgesamt kann man 5 Gletschervorstöße aus den Alpen nach Norden verzeichnen. (manche reden/schreiben nur von 4, andere von 6)

Zeitlicher Überblick über die für das Pleistozän sicher nachgewiesenen Vereisungsperioden

(Zeitangaben in Jahren vor unserer unmittelbaren Gegenwart)

Siehe [1], Seite 5

Donau-Eiszeit	(Donau-Glazial)	ca. 1.200.000	-	
Warmzeit	(Donau-Günz-Interglazial)			
Günz-Eiszeit	(Günz-Glazial)	950.000	-	
Warmzeit	(Günz-Mindel-Interglazial)			
Mindel-Eiszeit	(Mindel-Glazial)	600.000	-	380.000
Warmzeit	(Mindel-Riß-Interglazial)			
Riß-Eiszeit	(Riß-Glazial)	280.000	-	130.000
Warmzeit	(Riß-Würm-Interglazial)			
Würm-Eiszeit	(Würm-Glazial)	120.000	-	20.000
Postglazial		20.000	-	10.000

Für uns sind nur die beiden letzten, die Riß- und Würmeiszeit, von Bedeutung. Während der Rißeiszeit drangen die Gletscher bis zum Parsberg, südlich von Puchheim-Ort, vor. Der Parsberg, die Höhen um Alling und die Höhe direkt bis zum Fürstenfeldbrucker Bahnhof wurden von rißeiszeitlichen Gletschern aufgeschüttet und werden daher als Altmoränen bezeichnet.

Erst vor 12.000 Jahren endete die letzte, die Würmeiszeit, deren Spuren nicht ganz so weit reichten wie die der Rißeiszeit, aber noch am deutlichsten erhalten sind. So entstanden der Ammer- und Würmsee (Starnberger See) in Vertiefungen, die riesige Gletscher in den Untergrund schürften. Die Hügelkränze, die beide Seen umgeben, wurden ebenfalls von Gletschern abgelagert; hier spricht man von Jungmoränen. Beim Abschmelzen des Eises bildeten sich umfangreiche Flußsysteme, die riesige Schottermassen nördlich ausbreiteten. Auch unsere Amper durchbrach diese Schotterberge und bildeten unsere Amperschlucht zwischen Grafrath und Schöngeising. Unter dem Namen „Münchner Schotterebene" sind diese nördlichen Ablagerungen weithin bekannt.

Der Stoßzahn eines Mammuts - eines typischen Eiszeittieres - der kürzlich im Schotter bei Jesenwang gefunden wurde, zeigt noch einmal deutlich, daß bei uns Klimaverhältnisse herrschten, wie wir sie heute nur noch in den Tundren Nordsibiriens vorfinden.

2.3. Die Eiszeit im Alpenvorland

Siehe [1], ab Seite 5 mit Änderungen

Wenn wir vom Eiszeitalter oder Pleistozän sprechen, so meinen wir damit einen geologischen Zeitabschnitt von etwa 1,8 Millionen Jahren, in welchem es durch weltweite Klimaschwankungen mehrfach zu einer gewaltigen Ausdehnung der polaren Eismassen kam, wobei die Vereisung im Norden Europas ganz Skandinavien erfaßte und auch im Süden, in den Alpen, jeweils eine umfassende, wenn auch nur lokale Vergletscherung eintrat. Wir wissen heute mit Sicherheit von fünf großen Vereisungsperioden (Glazialzeiten) im Pleistozän, die aber immer wieder mit Warmzeiten (Interglazialzeiten) abwechselten. In den Alpen sind bis heute kleine Vergletscherungen geblieben. Für das einstige Gletschereis geben die Trogtäler ein deutliches Zeugnis. Im Alpenvorland sind es die Moränenlandschaften mit den Schürfbecken der Seen (z.B. Ammersee, Würmsee (dem Starnberger See)), welche die Eisbedeckung des Landes dokumentieren. Die Münchner Schotterebene, in deren westlichstem Teil auch das Gemeindegebiet von Schöngeising und Fürstenfeldbruck liegt, verdankt ihre Entstehung wenigstens insofern dem Eis, als es die vom Gletscher wegfließenden Schmelzwässer waren, welche die Schotter ausbreiteten.

Das Pleistozän (siehe vorstehenden „Zeitlicher Überblick") als geologischer Zeitabschnitt endet also vor 10.000 Jahren. Es leitet über in die geologische Jetztzeit, dem Holozän. Pleistozän und Holozän werden zur Quartärzeit zusammengefaßt.

Im Alpenvorland haben die letzten beiden Vereisungen (Eiszeiten), also die Würm- und die Rißeiszeit, die noch am deutlichsten sichtbaren Spuren hinterlassen. Die wissenschaftliche Erkundung der Zusammenhänge verdanken wir dem Altmeister der Eiszeitforschung Albrecht Penck, einem bayerischen Geologen, auf den auch die Namensgebung Günz-, Mindel-, Riß- und Würm-Eiszeit (1901) zurückgeht.

Um sich über die genaueren geologischen Verhältnisse in unserer engeren und weiteren Heimat zu informieren, sollte unbedingt auf einschlägiges Kartenmaterial zurückgegriffen werden.

2.4. Die Würmeiszeit zwischen Lech und Inn

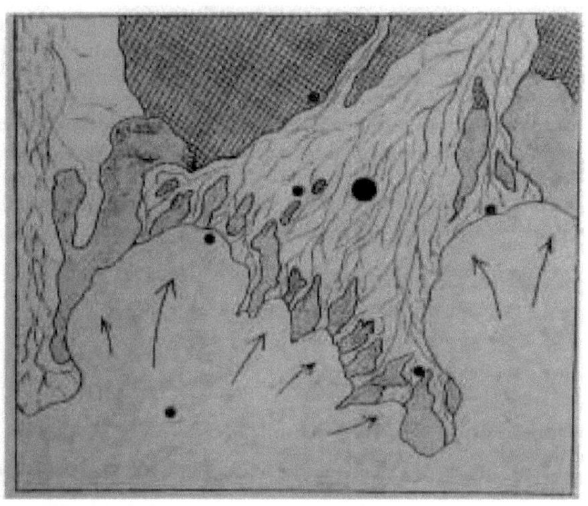

Abb. 11 Die 2 letzten Eiszeiten (grau, blau die letzte)

Das in das Alpenvorland zwischen Lech und Inn vordringende Eis teilt sich auf westlich in den Loisachgletscher und östlich in den Inngletscher.

Die Kartenskizze gibt den Höchststand der Vereisung während der letzten Eiszeit (Würmeiszeit) in blau an. Das Eis erreicht nicht die Ausdehnung wie in der Rißeiszeit. Diese

Altmoränen (Signatur grau) legen davon Zeugnis ab. Die Schotter der würmeiszeitlichen Schmelzwässer bauen mit einem gewaltigen Netz von Rinnsalen die Münchner Schotterebene (gelb) auf. Im Norden endet die Schotterebene beim heutigen Dachau am Tertiären Hügelland (orange, kariert).

In der Kartenskizze ist der besseren Orientierung wegen die Lage folgender Orte (von links nach rechts und von unten nach oben) eingetragen: Weilheim, Wildenroth, Gröbenzell, Dachau (ganz oben), München (großer Punkt), Miesbach und Ebersberg.

2.5. Das Land zwischen Würm und Amper

Von der Günz- und Mindeleiszeit sind zwischen Würm und Amper alle Spuren in der Landschaft verloren gegangen. Mindeleiszeitliche Schotter im tieferen Untergrund und zu Nagelfluh verfestigt finden wir benachbart z.B. im Isartal (Hellabrunn, Grünwald) oder auch im Kiental bei Herrsching, ebenso an der Amperleite bei Fürstenfeld am Engelsberg.

In der Rißeiszeit erreicht die Vereisung die größte Ausdehnung überhaupt. Wo die Eismassen im Alpenvorland zum Stillstand kommen, entstehen die Endmoränen. Hier häuft das Gletschereis bei ständigem Zufließen und gleichzeitigem Abschmelzen den mitgeführten Gesteinsschutt (Gletscherschutt) nach Art eines Förderbandes zu Hügelketten und Wällen, den Endmoränen an.

Die rißeiszeitlichen Moränen werden als Altmoränen bezeichnet, sie gehen den späteren würmeiszeitlichen Ablagerungen voraus. Das Gebiet von Schöngeising war auch während der Rißvereisung nicht von Gletschereis bedeckt. Allerdings lag der Gletscherrand nur etwa 1 bis 2 Kilometer entfernt. Grafrath lag hingegen im Gletscher und danach erst im Ammersee. Wildenroth liegt im Schotterbereich, den der Gletscher vor sich her schob und in der beginnenden Amperschlucht, die das ausfließende Gletscherwasser durch den Schotterhügel hindurchfräste.

Nicht mehr vom Eis erreicht wurde auch die Aubinger Lohe, welche eine Aufragung des tertiären Untergrundes darstellt und die sich etwa zwanzig Meter über die umgebende Schotterebene erhebt. Die tertiären Ablagerungen hier (Sedimente des Molassebeckens) wie auch im Dachauer Hinterland gehen dem Pleistozän und Quartär zeitlich weit voraus. Sie werden in der Tertiärzeit der Oberen Süßwassermolasse zugerechnet, was einem Alter von etwa 15 Millionen Jahren entspricht.

Während des Höchststandes der Würmvereisung, also in der letzten Vereisungsperiode, die etwa 100.000 Jahre dauert und vor ca. zwanzigtausend Jahren ins Postglazial mündet, liegt Schöngeising wenige Kilometer vom Eisrand entfernt. Wiederum geben Endmoränen, die Jungmoränen, die Vereisungsgrenze an. Besonders markante Moränen sind die Stauchmoränen bei Mühltal/Würm, der Karlsberg, sowie der Berg Andechs.

All das Moränenmaterial wurde hier vom Loisachgletscher herbeigeschafft, einer gewaltigen Eismasse, die sich westlich der Zugspitze ins Land hinausschob und bis über Starnberg / Leutstetten und im Westen bis Wildenroth / Grafrath vordringt. In der Würmeiszeit werden auch die großen Seebecken ausgeformt, die den Ammersee und den Würmsee beherbergen.

Für den Loisachvorlandgletscher nimmt man an, dass das Eis über Andechs in einer Mächtigkeit von etwa einhundert Metern lag, für Murnau werden 500 und für Garmisch 1000 Meter angegeben.

Vor dem von Gletschereis bedeckten Gebiet, also daran im Anschluß nach Norden hin, dehnte sich eine vegetationslose bis tundrenähnliche Landschaft, wie wir sie ähnlich heute noch auf Island und Grönland antreffen. Die würmeiszeitliche Tundrenvegetation bestand aus ausgedehnten Flechtenrasen, aus Zwergsträuchern, Krüppelkiefern und Blütenpflanzen wie Silberwurz (Dryas octopetala), Steinbrecharten (Saxifraga) und Krähenbeere (Empetrum nigrum), daneben breiteten sich über weite Strecken Woll- und Riedgräser (Eriophorum- und Carex-Arten).

In der Tierwelt wissen wir neben dem Mammut (Mammuthus primigenius) vom Schneehasen, Rentier und Moschusochsen. Der Mensch als eiszeitlicher Jäger läßt sich Ende der Würmeiszeit bei Kehlheim nachweisen.

Mit zunehmender Erwärmung im Postglazial stellen sich dann in unserem Gebiet Birke, Kiefer, Fichte und Hasel ein und erst in jüngster Zeit, etwa ab 8000 vor Chr., kommen Eiche, Linde und Ulme hinzu, später noch Hainbuche und Erle. Etwa ab 1000 vor Chr. bedecken das Land Eichen-Hainbuchen-Mischwälder und auch die Rotbuche kann geeignete Standorte besiedeln. Diese naturgegebenen Wälder fielen schließlich in weiten Bereichen den Rodungen im Mittelalter zum Opfer, die verbliebenen Waldungen wurden nach und nach in Kulturforste umgewandelt, in denen heute die Fichte weitestgehend dominiert.

Im Bereich der Münchner Schotterebene, d.h. in ihrem nördlichen Teil, dem Dachauer Moos nahm die Vegetation eine ganz andere Entwicklung, worauf hier nicht näher eingegangen wird.

2.6. Naturraum, Landschaft und Geologie

Siehe [3], ab Seite 14 mit Änderungen; T. Drexler

Das Gebiet des Landkreises Fürstenfeldbruck umfasst verschiedene naturräumliche Einheiten mit deutlich unterschiedlichen Oberflächenformen und variierenden Landschaftsbildungsprozessen. Wir beschäftigen uns hier mit dem im Südwesten liegenden Landschaftsteil, ein Abschnitt des Ammer-Loisach-Hügellandes als Teil der südbayrischen Jungmoränenlandschaft und ihm ist das Fürstenfeldbrucker Hügelland vorgelagert, das dem Altmoränengebiet im Landkreis Fürstenfeldbruck entspricht.

Die Jungmoränenlandschaft ist glazialen Ursprungs, d.h. sie wurde direkt durch die Gletscher der Eiszeiten geformt. Das Gebiet der Schotterfelder ist glaziofluvial entstanden, es wurde im Gletscherumfeld direkt beeinflusst durch die Schmelzwässer und ihre Ablagerungen. Das tertiäre Hügelland wird dem Periglazialraum zugeordnet, also einem eiszeitlichen Umfeld mit Dauerfrostboden und den dazugehörigen formenden Prozessen. Die Altmoränenlandschaft ist ebenfalls glazial entstanden, hat aber während der letzten Eiszeit eine periglaziale Überprägung erfahren.

Was sind nun die besonderen Merkmale der einzelnen Naturräume? Wie haben sie sich über die Zeit verändert, wie werden sie genutzt, welche Standortbedingungen stellen sie für die verschiedenen Ökosysteme zur Verfügung?

Zur Verdeutlichung beginnen wir im Ampermoos, dann sehen wir uns die Jungmoränenlandschaft an und die mit ihr verbundenen Schotterablagerungen. Danach werfen wir einen Blick auf die Altmoränenlandschaft.

Das Ampermoos gehört verwaltungstechnisch zu den Gemeinden Türkenfeld, Kottgeisering und Grafrath. Es war ein Teil des Zungenbeckens des Ammerseegletschers und ist damit von einer Grundmoräne unterlagert. Im Spätglazial, während der Rückzugsphasen, war es ein See, der aber in kurzer Zeit mit Beckenschluffen gefüllt wurde. Da es auf Amperniveau liegt und damit staunass ist, hat das Moorwachstum eingesetzt, sobald die klimatischen Rahmenbedingungen es zuließen. Aufgrund der ständigen Durchfeuchtung wird dabei abgestorbene Biomasse nicht oder nur zum Teil abgebaut und somit wächst ein Torfkörper auf. Die Torf-Mächtigkeit beträgt meist zwischen 2 und 2,5 m, das Maximum liegt bei etwa 4,5 m. Das Ampermoos repräsentiert als Niedermoor die nährstoffreiche Variante der Moore, die durch Schilf und Rohrkolben charakterisiert wird. Es wurde früher als Streuwiese und zum Torfabbau genutzt. Seit 1982 steht es unter Naturschutz und bietet als Feuchtgebiet einer reichhaltigen Flora und Fauna einen Lebensraum.

Die Jungmoränenlandschaft des Landkreises liegt in der Flur der Gemeinden Moorenweis, Türkenfeld, Jesenwang, Kottgeisering, Grafrath, Landsberied, Schöngeising und zum kleinen Teil in Alling. Würmzeitliche Schotterfelder sind zusätzlich noch in den Gemeinden Adelshofen, Mammendorf, Maisach und im südöstlichen Landkreis verbreitet. Die Jungmoränenlandschaft wurde im Zuge der letzten Vereisung gebildet und besteht aus drei Moränengirlanden, die dem Maximum der letzten Eiszeit (Holzhausen, Landsberied) und zwei Rückzugsstadien (Stand von Mauern, Stand von Wildenroth) entsprechen. Zwischen den Moränengirlanden liegen glaziäre Schmelzwasserrinnen, wie unser Amperdurchbruch bei Wildenroth-Schöngeising, an der Sunderburg vorbei.

Das Besondere der Jungmoränenlandschaft ist die Kleinteiligkeit der Oberflächenformen. Ein extrem unruhiges Relief mit Krümmungsradien im 10 m-Bereich und abflusslose Senken (Toteiskessel) sind leicht erkennbare Charakteristika dieser Flächen. Besonders schön ist diese Situation bei Holzhausen zu sehen. Am westlichen Ortsende führt ein Feldweg nach Süden zu den Keltenschanzen. Bis zum Waldrand befindet man sich in der Altmoränenlandschaft. In dem Moment, in dem man den Wald betritt, sind die weichen Formen verschwunden und es beginnt ein sehr unruhiges Relief.

Das Material der Jungendmoränen ist sehr variabel, von kiesig bis bindig, jedoch immer mit Steinen und auch Blöcken. Daraus resultieren die unterschiedlichsten Standorte. Einerseits treten sehr trockene Gebiete auf, vor allem im Bereich von kiesigen Moränen, andererseits gibt es Flächen mit bindigem Untergrund, die Staunässe bei feuchtem Wetter zeigen, jedoch bei Trockenheit ausdörren. Abflusslose Senken sind häufig und enthalten bei staunassem Untergrund meist Hochmoore (Wildmoose).

Die Entwicklung eines Hochmoores startet häufig mit einer limnischen Phase, in der eine Kalkmudde gebildet wird. Kontinuierlich schreitet die Verlandung fort. Zu diesem Zeitpunkt sind genügend Nährstoffe vorhanden, sodass sich zunächst ein Niedermoor bildet, bis die Nährstoffe weitestgehend im Torf fixiert sind. Durch diese Verarmung entwickelt sich aus der Schilf-Rohrkolben-Vergesellschaftung eine Torfmoos-Wollgras-Vergesellschaftung. Hochmoore zeigen eine artenarme, aber besonders spezialisierte Flora und Fauna; insbesondere treten hier Fleisch fressende Pflanzen auf (Sonnentau). Die Moore sind meist als Naturschutzgebiete ausgewiesen.

Die Jungendmoränen werden forstwirtschaftlich oder als Weideland genutzt. Ackerbau findet nur auf den Parabraunerden der Schotterflächen zwischen den Endmoränenwällen statt.

Die vorgelagerten Schotterfelder der letzten Vereisung stellen in etwa eine schiefe Ebene dar, die von den Schüttungszentren weitestgehend nach Nordosten einfällt. Die Mächtigkeit des Schotterkörpers und des Grundwasserkörpers im Schotter bedingen starke Variationen der Standortfaktoren. In Moränennähe, z.B. westlich des Bahnhofs Schöngeising, hat der Schotter eine Mächtigkeit von etwa 30m, die Grundwassermächtigkeit beträgt etwa 12 m, liegt also bei etwa 18m Tiefe. Am Kieswerk Stockinger reicht der Schotter bis in 24m Tiefe, der Wasserkörper hat etwa 10m Mächtigkeit. Im Osten bei Olching beträgt die Schottermächtigkeit meist weniger als 10m, und das Grundwasser erreicht nahezu die Oberfläche. Damit haben wir auf den Schotterfeldern einerseits extreme Trockenstandorte, besonders zwischen

Fürstenfeldbruck und Wildenroth. Hier überwiegt auch die forstwirtschaftliche Nutzung. Andererseits liegen Feuchtstandorte - aufgrund von hoch stehendem Grundwasser - im Bereich der Gemeinden Olching, Gröbenzell, Eichenau, Puchheim und Alling. Dies ist nur durch die abnehmende Mächtigkeit des Schotters verursacht. An diesen Standorten entwickelten sich in den letzten 10000 bis 15000 Jahren Niedermoore und schwarze Anmoor-Böden: Zusätzlich kam es zur Bildung von Alm und Wiesenkalk. Dabei handelt es sich um eine flächige Kalkausfällung durch biogenen Entzug von Kohlendioxid, vergleichbar der Kalktuffentstehung. Der Mechanismus entspricht dem eines Wasserkochers, nur dass hier das CO_2 über die Erhitzung ausgetrieben wird.

Die Altmoränenlandschaft zieht sich als breiter Gürtel durch den Landkreis. Die meisten Gemeinden, bis auf Türkenfeld, Kottgeisering, Grafrath, Olching und Gröbenzell, haben Anteil an dieser geomorphologischen Einheit. Diese Gegend zeichnet sich durch weiche Oberflächenformen aus, mit Krümmungsradien bis in den Kilometer-Bereich. Das Entwässerungsnetz ist noch nicht voll entwickelt, und weite Bereiche dieser Landschaft tragen eine Decke aus Löß oder Lößlehm. Im Riß-Würm-Interglazial, der Warmzeit zwischen letzter und vorletzter Eiszeit, sah dieses Gebiet wie die jetzige Jungmoränenlandschaft aus. In der beginnenden Kaltzeit wurden über Fließerdebildung und flächenhafte Verspülungen die Oberflächen angeglichen. Fließerden entstehen im wasserübersättigten Auftauhorizont über dem Dauerfrostboden. Geringe Hangneigungen (von weniger als 3°) genügen, um einen Wasser-Lehm-Brei zum Fließen zu bringen. Meist werden dabei Hohlformen so weit ausgeglichen, dass sich in diesen Gebieten nur in Niederungen kleinere Niedermoore bilden können. Als Besonderheit haben sich in den Altmoränen des Landkreises Fürstenfeldbruck mit dem Wildmoos bei Moorenweis und dem Haspelmoor zwei ehemalige Seen erhalten.

Aus den würmzeitlich vergletscherten Gebieten und den Schotterfeldern wurde Feinkorn ausgeblasen und gerade auch in den Altmoränen als Löß abgelagert. Das Entwässerungsnetz ist noch nicht so weit ausgereift, wie wir es im tertiären Hügelland antreffen werden, da für die Entwicklung mit etwa 100000 Jahren noch zu wenig Zeit zur Verfügung stand. Die Flächen der Altmoräne tragen mit tiefgründigen Parabraunerden aus verwitterter Moräne und Lößlehm die fruchtbarsten Böden des Landkreises. Hier wird vorwiegend Ackerbau betrieben.

Der Fürstenfeldbrucker Anteil am tertiären Hügelland liegt im Norden des Landkreises, in den Fluren der Gemeinden Mittelstetten, Egenhofen, Oberschweinbach und Maisach. Aufschlüsse von tertiären Sanden oder Schluffen kommen im Moränengebiet an vielen Stellen vor. Hier ist jedoch eine junge Überprägung durch die Gletscher erfolgt. Das tertiäre Hügelland ist von den Oberflächenformen her im Vergleich zu den Altmoränen stärker und regelmäßiger gegliedert. Die Hügel in diesem Gebiet sind meist schmaler, die Täler sind stärker eingetieft. Die Flächen sind in bestimmten Richtungen angeordnet. Auffällig ist besonders das Gewässernetz: Zum jeweils größeren Gewässer führen in regelmäßigen Abständen kleinere Täler, und zwar häufig im rechten Winkel. Im Oberlauf der Seitentäler fingern sich die Talungen auf. In diesem reifen Gewässernetz erkennt man die Zeit, die in der Entwicklung steckt. Der Unterschied zur glazial geprägten Landschaft ist eklatant.

Auf den Tertiärflächen ist bereichsweise noch eine Lößbedeckung erhalten. Hier treten Parabraunerden mit hoher Bodengüte auf. Aus den tiefgründig entkalkten tertiären Sanden entstanden rötliche Braunerden. Die Flächen werden überwiegend ackerbaulich genutzt. In den Niederungen kommen wie üblich Vernässungen und kleinere Niedermoor- und Anmoor-Gebiete vor.

2.7. Geologie des Alpenvorlandes

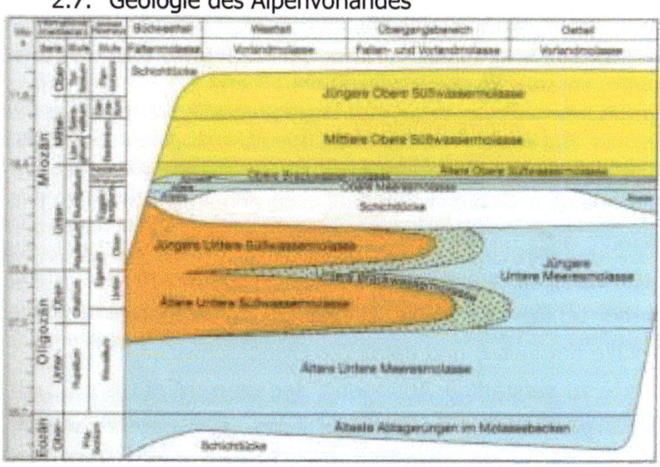

Abb. 12 Zeittafel mit Entwicklung des Molassebeckens

Die Entstehung des Alpenvorlandes ist ursächlich mit der Auffaltung der Alpen verbunden. Durch die Kollision von afrikanischen Erdkrustenteilen mit Europa ergab sich im Bereich der Alpen eine Krustenverdickung. Als Ausgleichsbewegung senkte sich das nördlich anschließende Gebiet und wurde kontinuierlich mit Schutt aus dem Gebirge aufgefüllt. Je nachdem, wie das Verhältnis von Einsenkung zu den Ablagerungsraten in diesem Becken war, änderten sich die Rahmenbedingungen. Ist die Ablagerungsrate geringer als die Einsenkung und ist eine Verbindung zum Meer möglich, kommt es zu Entstehung eines Meeresbeckens. Ist die Ablagerungsrate jedoch höher als die Einsenkung, so liegen innerhalb geologisch kurzer Zeiträume festländische Bedingungen eines Schwemmlandes vor. Diese verschiedenen Ablagerungsräume lassen sich anhand ihrer Sedimente eindeutig erkennen.

In der alpinen Vorsenke, dem Molassebecken, sind zwei Wechsel dieser Art dokumentiert. Die klimatischen Bedingungen während dieses Zeitraums waren tropisch bis subtropisch, wobei insgesamt eine sukzessive Abkühlung stattfand.

Seit dem obersten Miozän wurde die Vorsenke mit den anschließenden Gebieten kontinuierlich angehoben. Die Region befand sich somit erst im Bereich eines tief liegenden Schwemmlandes nahe dem Meeresniveau, in dem Ablagerung vorherrschte. Durch die Heraushebung erhöhten sich die Gefälle der Flüsse und damit die Fließgeschwindigkeiten. Dies führte zu verstärkter Abtragung, sodass nicht nur der Schutt der Alpen durch das Molassebecken transportiert wurde, sondern auch ältere Ablagerungen der Molasse erodiert wurden. Die Folge war eine Zertalung der Landschaft, wobei dadurch, dass die älteren Ablagerungen als Lockergesteine (Kies, Sand, Schluff und Ton) vorlagen, ein flachwelliges Hügelland entstand.

Der Untergrund des Landkreises Fürstenfeldbruck gehört also zum Bereich der ungefalteten Vorlandmolasse und wird von Ablagerungen der Oberen Süßwassermolasse (OSM) gebildet. Diese Ablagerungen bestehen aus einer limnofluviatilen Abfolge (limnisch: zu Süßwasserseen gehörig; fluviatil: zu Fließgewässern gehörig) einer subtropischen Klimazone und wurden von Süden aus dem Alpenraum und von Norden und Nordosten aus dem Ostbayerischen Grundgebirge geschüttet. Entwässert wurde das Becken entgegen der heutigen Richtung nach Westen hin. Die im Landkreis Fürstenfeldbruck vorliegenden Sedimente der OSM sind überwiegend Schluffe, Feinsande und Tone in wechselnden Mengenverhältnissen, aber auch gut sortiert. Kiese treten nur untergeordnet auf. Unverwitterte Ablagerungen der OSM haben deutliche Karbonatgehalte. Die oberflächennahen Teile sind jedoch meist entkalkt und häufig auch geringfügig verlagert.

Das Schwemmland der OSM wurde seit der Ablagerung deutlich gehoben und leicht gekippt. Dadurch änderte sich ein weiteres Mal die Entwässerungsrichtung von Westen nach Osten. Im Pliozän entstand durch die Erosion aus einer Ebene eine zertalte Hügellandschaft. In dieser Zeit kühlte sich das Klima weiter ab, ohne dass man jedoch für unsere Breiten von eiszeitlichen Bedingungen ausgehen kann. Weltweit gesehen hat man aber schon im Miozän über Dropstones (in Eis festgefrorene Steine, die in küstenfernen Gebieten austauen und auf den Meeresgrund fallen) die ersten Belege für eine Vereisung der Antarktis.

Glaziale Rahmenbedingungen waren bei uns erst im frühen Quartär möglich, als weitere globale Abkühlungen wirksam wurden. Für die Abläufe im Ältest-Pleistozän kann man, bezogen auf Süddeutschland, nur sehr eingeschränkt Aussagen machen. Aus Klimakurven, die aus marinen Bohrkernen gewonnen wurden, weiß man jedoch, dass es Klimaschwankungen zwischen relativ kalt und relativ warm gegeben hat. Diese Schwankungen waren jedoch noch nicht so stark ausgeprägt wie in den letzten eine Million Jahren.

Für das Alpenvorland sind im Ältest-Pleistozän („Biber- und Donau-Eiszeiten") keine Vereisungen nachweisbar, da aus diesem Zeitraum keine Moränenablagerungen erhalten und/oder bekannt sind, also Sedimente, die direkt durch das Gletschereis verlagert wurden. Dabei wird als Grundmoräne das Material an der Gletscherbasis bezeichnet, das sich durch eine hohe Verdichtung (wegen der Eisauflast) auszeichnet und meist schlecht sortiert ist (Diamikt, Lodgement Till). Die sichere Identifizierung ist durch gekritzte Geschiebe möglich. Als Endmoränen bezeichnet man die von den Gletschern an der Stirn aufgehäuften Wälle. Der Übergangskegel vom Moränenwall zu den Schotterterrassen wird Sander genannt. Zusammen bilden sie eine sogenannte glaziale Serie.

Schottervorkommen des Ältest-Pleistozän sind besonders im Regierungsbezirk Schwaben verbreitet. Sie zeigen einen in etwa waagerechten, geschichteten Aufbau, der auf saisonalen Abfluss hinweist. Damit ist ein sehr stark variierender Abfluss eines ungepufferten Systems gemeint, vergleichsweise Regenzeit und Trockenzeit (durch die hohen Niederschlagsgaben erfolgt der Abfluss meist oberflächlich) oder der quasi reine Oberflächenabfluss unter eiszeitlichen Bedingungen, da durch den Dauerfrostboden kein aktiver Grundwasserkörper existiert. Glaziale Bedingungen sind für diese Ablagerungen anzunehmen. Gletscher haben sicherlich in den Alpen existiert. Eine Vergletscherung bis in das Vorland durch ein Eisstromnetz ist jedoch fraglich.

Für das Altpleistozän („Günz- und Mindel-Vereisungen") sind Vereisungen des Alpenvorlandes über Moränenablagerungen nachgewiesen. Hierzu ist ein Eisstromnetz innerhalb der Alpen, das sich zu Vorlandgletschern vereinigte, notwendig. Erste Eiszuflüsse aus dem Inntal in den Einzugsbereich des Isar-Loisach-Gebietes sind hier durch Geschiebe aus den Zentralalpen belegt. Mindelzeitliche Ablagerungen sind die ältesten aufgefundenen pleistozänen Ablagerungen im Landkreis Fürstenfeldbruck. Sie treten auf dem Höhenrücken zwischen Ludwigshöhe und Gut Roggenstein sowie östlich von Holzkirchen auf. Bei den Ablagerungen handelt es sich um tiefgründig verwitterte, häufig blutrote und verlehmte Quarzrestschotter, die als Moränenablagerungen interpretiert werden. Ihre Mächtigkeit beträgt durchweg weniger als 2m. In diese Zeit werden auch Schottervorkommen („Deckenschotter") am Engelsberg und südlich vom Weiherhaus gestellt. Sie unterscheiden sich von den jüngeren Bildungen durch ihre geringen Anteile an Material aus den Zentralalpen.

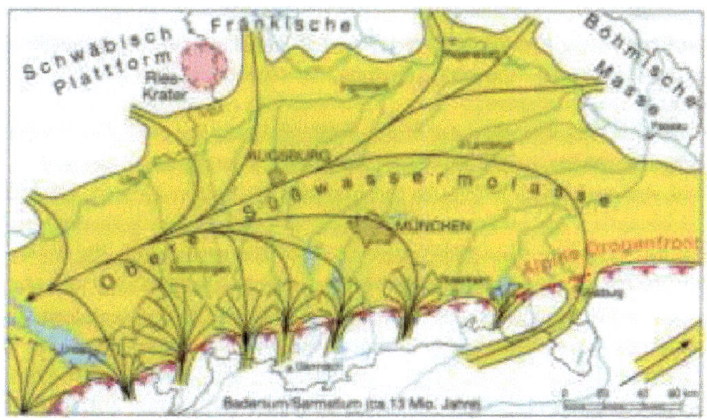

Abb. 13 Wasserströmung zwischen Alpen-Donau Gebiet

Karte: schwarze Pfeile die Wasser-Fließrichtung, die blauen Seen und Flüsse gab es damals natürlich nicht, sind zur Orientierung.

Die Riß-Eiszeit (Mittelpleistozän) ist im Landkreis Fürstenfeldbruck bestens belegt durch die breite Zone der Altmoränen von der westlichen Landkreisgrenze bis zur Münchner Schotterebene. Die Mächtigkeit kann bei Biburg mehrere 10m erreichen. Nordwestlich der Amper sind die Mächtigkeiten wesentlich geringer, sodass bereichsweise nur noch ein verwitterter Moränenschleier den Molasseablagerungen aufliegt. Der Moränenkranz ist nur durch jüngere Täler unterbrochen. Hochterrassenschotter als zugehörige Flussablagerungen im Gletschervorfeld kommen im südöstlichen Landkreis bei Holzkirchen, in Eichenau und in Puchheim vor. Im Moränenvorfeld bei Holzkirchen werden größere Mächtigkeiten erreicht, sonst ist mit etwa 5m zu rechnen. Warmzeitliche Relikte des Riß-Würm-Interglazials sind nur sporadisch aus Mooren der Altmoränenlandschaft bekannt.

Die Würm-Eiszeit (Jungpleistozän) als vorerst letzte Eiszeit ist mit ihrem glazialen Formenschatz perfekt dokumentiert und nimmt den südlichen Teil des Landkreises ein (südlich einer Linie Steinlach - Holzhausen - Landsberied - Hausen b. Geltendorf). Nördlich dieser Linie liegen noch würmzeitliche Schotterfelder.

Zum Landkreis gehören dabei Teile des Stammbeckens (Ampermoos), die Jungmoränenlandschaft mit drei Moränengirlanden und der Eisrandentwässerung sowie verschiedene Sander mit zugehörigen Schmelzwassertälern der Niederterrassen (Dünzelbach, Maisach, Jesenwanger Trockental, Amper, Starzelbach). Bis auf den Dünzelbach, der zum Lech führt, entwässern diese Täler in die Münchner Schotterebene.

Anhand der würmzeitlichen Entwicklung kann man auf die Verläufe der älteren Eiszeiten schließen. Ein eiszeitlicher Zyklus lässt sich in groben Zügen folgendermaßen beschreiben:

Ein Interglazial („Zwischeneiszeit", Warmzeit) hat in etwa die klimatischen Rahmenbedingungen, wie wir sie heute haben. Das bedeutet für unsere Region Jahresdurchschnittstemperaturen von etwa 6 bis 10°C, einen geschlossenen Urwald der Eichen-Buchen-Mischwald-Gruppe und Niederschläge um die 1000 mm im Jahr. Daraus ergibt sich eine Bodenbildung in der Gruppe der Braunerden auf Standorten ohne Staunässe. Wegen der geschlossenen Vegetationsdecke ist der Untergrund gut vor Erosion geschützt.

Im Übergang zur Eiszeit sinken die Temperaturen mehr oder minder kontinuierlich, wobei sich die Waldzusammensetzung erst in Richtung zu den Nadelbäumen hin verändert und schließlich eine nahezu vollständige Entwaldung eintritt. Die Vegetation ist dann in etwa mit der Südgrönlands zu vergleichen. Damit ist der Boden nicht mehr vor der Erosion geschützt und es setzt eine intensive Verspülungsphase ein. Diese trägt den warmzeitlichen Boden fast vollständig ab. Das ist die Ursache, weshalb auf den Hochterrassen (rißzeitlich) unter Löß nur sehr sporadisch warmzeitliche Bodenrelikte (so genannte Bt-Zapfen, Unterbodenhorizont mit verlagertem Ton [t] aus dem Oberboden) erhalten sind. Neben den Verspülungen treten alle möglichen Frostbodenbildungen auf, insbesondere Fließerdebildungen, die die Erosion verstärken. Währenddessen bauen sich in den Alpen die Talgletscher auf und vereinigen sich zu einem Eisstromnetz. Da Mitteleuropa in der gemäßigten Klimazone liegt, handelt es sich dabei um temperate Gletscher. Das bedeutet, dass Wasser an der Gletschersohle vorkommt und unterhalb des Gletschers der Dauerfrostboden abtaut. Heutige temperate Gletscher an der Pazifikküste Alaskas, die genauer untersucht wurden, zeigen fast durchweg ein pulsierendes Vorrücken. Dabei wird das Wasser an der Sohle gestaut, sodass der Gletscher gewissermaßen unter Aquaplaning gerät und aufschwimmt (engl.: „surge"). Auf diese Weise kann ein Gletscher in einer Saison mehrere Kilometer vorrücken. Dabei verliert er deutlich an Mächtigkeit. Bis zum nächsten Puls muss er wieder seine Eismasse aufbauen und das Wasser rückstauen. Häufig zeigten die untersuchten Gletscher sogar definierte Perioden des „Surgens". Die Perioden können wenige Jahre, aber auch Jahrzehnte dauern.

Wenn das Eis den Alpenrand erreicht, ergießt es sich ins Vorland und folgt natürlich der vorhandenen Morphologie, die dabei meist vollständig überprägt wird. An der Stirn werden dabei Sander geschüttet, die wieder überfahren werden, so genannte Vorstoßschotter. Der einzige Sander, der erhalten bleibt, ist der Sander des Hauptvorstoßes. Oft haben die Gletscher mehrere große Wasseraustrittsöffnungen, die Gletschertore. An ihnen ist der Endmoränenwall unterbrochen. Während der gesamten Lebensdauer des Gletschers wird Material erodiert und transportiert. Der Transport erfolgt sowohl an der Sohle, als auch im Gletscher, aber ebenso an der Oberfläche. Das Arbeitsprinzip ist das eines Fließbandes. Innerhalb der Endmoränen entsteht durch die Materialabfuhr ein Zungenbecken, das aber erst nach dem Rückschmelzen frei wird.

Häufig entstehen Stauseen zwischen Moräne und Gletscher. Sie werden meist recht schnell mit Beckenschluffen und Deltasedimenten verfüllt. Oftmals entwickeln sich regelrechte Flüsse am Rand des Gletschers und bilden Eisrandterrassen („Kames-Bildungen"). Bei Wasserausbrüchen an der Gletscherstirn können größere Eiskörper transportiert werden. Wenn diese dann verschüttet werden und dadurch gegen ein rasches Abschmelzen geschützt sind, können Toteislöcher entstehen, falls sich diese Flächen außerhalb des aktiven Ablagerungsraumes befinden.

Der Rückzug des Gletschers nach einer Erwärmung geht nicht gleichmäßig, sondern schubweise vonstatten. Die Erwärmung führt zu einer Hebung der Firnlinie. Dies ist die Trennlinie zwischen dem Nährgebiet (die Region, in der übers Jahr mehr Schnee fällt, als wieder abschmilzt, also Gebiete mit positiver Massenbilanz) und dem Zehrgebiet (negative Massenbilanz des Gletschers). Der Gletscher muss seine neue Gleichgewichtslage finden. Dort baut er eine neue Endmoränenstaffel auf. Die Entwässerung erfolgt dann zwischen dieser neuen inneren Endmoräne und der nächst äußeren Staffel. Erst eine solche Entwässerung belegt einen Rückzugshalt. Während des schubweisen Rückzugs verringert sich die Anzahl der Ausflüsse, bis nur noch ein einziger übrig bleibt. Meist handelt es sich dabei um die älter angelegten Talzüge. Im Bereich der älteren Gletschertore wird der ältere Sander erodiert und teilweise mit einer jüngeren Terrasse gefüllt. Nach kurzer Zeit laufen diese Terrassen mit der Hauptniederterrasse zusammen.

Die Ablagerung auf den Terrassen findet, wie weiter oben schon ausgeführt, nur saisonal statt. Dadurch kann sich keine

Vegetationsdecke bilden. Die Schmelzwasserschotter enthalten immer einen deutlichen Anteil an Feinkorn, liegen einen Großteil des Jahres trocken und sind dem Wind ausgesetzt. Durch ihn wird ein Teil des Feinkorns ausgeblasen und in Lee-Lagen als Löß wieder abgelagert. In den Bereichen, die weiterhin vom Schmelzwasser überflutet werden, wird der Löß wieder verlagert, aber in den periglazialen Gebieten sind die Bedingungen so, dass er erhaltungsfähig ist.

Die letzte Eiszeit umfasste einen Zeitraum von etwa 115.000 bis 10.000 Jahren vor heute (vor heute bedeutet unkorrigierte ^{14}C-Jahre vor 1950 n. Chr.). Für die Zeit bis zum Maximalstand, der etwa 20.000 Jahre vor heute war, sind Informationen aus den vergletscherten Gebieten nicht vorhanden, da diese durch den vorrückenden Gletscher vollständig überprägt wurden. Das sukzessive Rückschmelzen, und damit das Spätglazial, begann zwischen 18.000 und 17.000 vor heute. Die größeren Flusstäler, auch innerhalb der Alpen, waren um 14.000 vor heute bereits eisfrei. Das Spätglazial war eine Zeit verhältnismäßig starker klimatischer Schwankungen. Mehrfach fanden Erwärmungen statt, die bis zu 6°C als Jahresdurchschnittstemperaturen erreichten. Hier setzten schon die Bewaldung (Wacholder, Kiefer, Birke) und das Moorwachstum ein. Ein letztes Aufbäumen der Eiszeit fand zwischen 11.000 und 10.000 vor heute statt. Innerhalb weniger Jahrzehnte sank die Durchschnittstemperatur auf 0°C in unserer Region. Die Firnlinie verschob sich um etwa 200m unter die heutige, die Gletscher begannen wieder vorzustoßen und der Wald verschwand.

Mit dem Ende der Jüngeren Tundrenzeit endete die Würmeiszeit, und das Holozän (die jetzige Warmzeit, in der wir leben) begann. Die Zeitabschnitte des Spätglazials und des Holozäns werden nach Pollenzonen und damit nach der Pflanzenvergesellschaftung benannt.

Unsere Warmzeit begann mit der erneuten Bewaldung, mit einer Dominanz von Kiefern und Birken. Die Temperaturen waren ähnlich wie heute. Dieser Zeitraum, das Präboreal oder Vorwärmezeit, umfasste etwa die Jahre von 10.000 bis 9.000 vor heute.

Als Nächstes folgte die Frühe Wärmezeit, auch Boreal oder Haselzeit, die durch Haselpollen geprägt ist. Auch hier liegen wir bei heutigen Durchschnittstemperaturen von etwa 8°C. Dieser Zeitabschnitt reichte bis ca. 8.000 vor heute. Es besteht die Möglichkeit, dass die Dominanz der Hasel zumindest zum Teil vom Menschen beeinflusst wurde. Hier treten die ersten Pollen von Hopfen und/oder Hanf (die Pollen sind nicht unterscheidbar) auf. Sie sind eindeutige Hinweise auf menschliche Siedlungen mit „Gartenbau".

Die Mittlere Wärmezeit mit Jahresdurchschnittstemperaturen um 10°C war die Zeit eines von Eichen dominierten Mischwaldes (Atlantikum, Eichenmischwaldzeit) und reichte bis etwa 4.500 vor heute.

Ab etwa 4.400 v. Chr. treten die ersten Getreidepollen als Hinweise auf Ackerbau auf. Am Starnberger See wurden Pfahlbaureste gefunden und auf 3.720 v.Chr. datiert.

In der Späten Wärmezeit, dem Subboreal oder Eichenmischwald-Buchen-Zeit, wurde das Klima instabiler. Kältere Abschnitte wechselten sich mit warmen ab. Diese Zeit reichte bis etwa 500 v. Chr.

Für das Subatlantikum, die Nachwärmezeit, die im älteren Teil eine Buchenzeit war und im jüngeren Teil sehr stark vom Menschen geprägt wurde, gilt eine Verstärkung der Klimaschwankungen. Die führte in den letzten Jahrhunderten zu den kleinen Eiszeiten. Das Maximum der letzten war um 1850 n. Chr. Die momentanen Klimabedingungen entsprechen etwa denen, die um 1800 n. Chr. üblich waren.

Spätestens mit dem Ende der Jüngeren Tundrenzeit änderte sich das Ablagerungsverhalten der Flüsse. In der Eiszeit war die Wasserführung, wie weiter oben ausgeführt, saisonal. Der Sedimenteintrag in die Flüsse war sehr hoch. Die nicht geschlossene Vegetationsdecke im periglazialen Umfeld förderte die Umlagerungsmechanismen. Der Abfluss erfolgte rein oberflächlich, da wegen des Dauerfrostbodens kein aktiver Grundwasserkörper existierte. Damit bauten die Flüsse Schotterkörper mit waagerechter Schichtung auf. Schon während der Abschmelzphasen wurde der Sedimentfluss aus den vergletscherten Gebieten unterbrochen, da die übertieften Zungenbecken gewissermaßen als Sand- und Kiesfang wirkten. Die Flüsse begannen daraufhin zu erodieren. Der entscheidende Umbruch war jedoch das Auftauen des Dauerfrostbodens, denn damit wurde der Grundwasserkörper wieder aktiv und die Wiederbewaldung war möglich. Die Vegetationsbedeckung schützte vor Erosion, und der Grundwasserkörper sorgte als Puffervolumen für eine wesentlich ausgeglichenere Wasserführung. Der Umbruch vom verwilderten Fluss zum mäandrierenden Fluss fand statt: Hier nehmen die Flüsse nicht mehr den gesamten Talraum ein. Sie schlängeln sich durch ein Erosionstal innerhalb ihrer eiszeitlichen Terrassen. Die Sedimentumlagerung in diesem Milieu erfolgt vom

Prallhang zum Gleithang. Damit entstehen schräg geschichtete Schotterkörper. Ab und zu wird eine Mäanderschlinge durchbrochen. Es bleibt dann ein zentraler, inselartiger, schräg geschichteter Kieskörper mit einer Altwasserrinne übrig. Letztere wird meist in kurzer Zeit mit Hochflutsedimenten verfüllt.

Während des Holozäns fanden mehrfach Wechsel in der Flussdynamik statt. Diese sind in etwa synchron zu den klimatischen Wechseln, die durch die Pflanzenvergesellschaftung dokumentiert sind. Das wissen wir, da nach jeder Phase der verstärkten Laufverlagerung ganze Mäanderbögen oder Teile davon erhalten blieben. Die einzelnen Generationen von warmzeitlichen Flussterrassen unterscheiden sich nicht nur durch ihr Alter, sondern auch durch ihre Höhenlage und durch ihre Böden. Die Terrassen des mittleren und älteren Holozäns (älter als 500 v. Chr.) tragen Auenschwarzerden, die auf hohe Grundwasserstände in diesen Zeitscheiben hindeuten. Die letzten 2500 Jahre sind auch in den Flüssen stark durch menschliche Einflussnahme geprägt. Dies betrifft insbesondere die Auenablagerungen im eigentlichen Sinne.

Die jungholozänen Terrassenflächen tragen Rohböden, die bestenfalls eine geringe Verbraunung aufweisen. Das Material, der Auenlehm, ist zum überwiegenden Anteil umgelagerter Oberboden. Die Ursache liegt in der landwirtschaftlichen Nutzung. Erste Anzeichen dieser Nutzung lassen sich in unseren Seen schon im Atlantikum durch erhöhte Tonmineralanteile im Schwebstoffeintrag feststellen. Tonminerale entstehen bei uns bevorzugt bei der Bodenbildung, bzw. bei der Verwitterung in der Bodenzone. Der Anstieg ist gewissermaßen zeitgleich mit dem Auftreten der ersten Getreidepollen.

Auf die Flüsse hatte diese Nutzungsform erst seit etwa 500 v. Chr. signifikanten Einfluss. Erst seit dieser Zeit scheinen die ackerbaulich genutzten Flächen im großen Maßstab der Erosion anheim gefallen zu sein.

Die letzten 200 bis 300 Jahre zeichnen sich durch starke Verbauungsmaßnahmen in den Fließgewässern aus. Durch die Begradigung der Gewässer und die Drainierung im großen Maßstab reduziert man jedoch das Puffervermögen der Bodenzone und des Grundwassers. Das bedeutet insbesondere, dass Hochwasserereignisse mit geringer Vorwarnzeit auftreten. Das **Ampertal** im Landkreis Fürstenfeldbruck ist in dieser Hinsicht durch die Geographie bevorzugt. Da der größte Teil des Einzugsgebiets, die **Ammer**, südlich des Ammersees liegt, ist dieser für den Landkreis ein riesiges Rückhaltebecken. Im Falle einer lang andauernden Niederschlagsperiode füllt sich erst der See, und der Wasserstand der Amper steigt in Abhängigkeit zum Seespiegel. Die Folge davon ist jedoch, dass ein Hochwasser anhält, bis der Wasserspiegel des Sees wieder ausreichend abgesunken ist. Als Beispiel dafür ist das **Pfingsthochwasser 1999** zu nennen.

Das THW[1] schweißte Kanaldeckel zu, stapelten Sandsäcke, trotzdem wurden Teile der Altstadt Fürstenfeldbruck zum letzten mal überflutet, die Bundesstraßenunterführung der B471 in Schöngeising und die umliegenden Wiesen und Felder, inklusive des Zellhofes, wurden unter Wasser gesetzt, wurden zu einem großen Meer. Die Bundesstraßenstelle musste umfahren werden: Fürstenfeldbruck - Biburg - Schöngeising - Mauern - Unteralting - Grafrath. (Alfons Wahr)

---

[1] Technisches Hilswerk

2.8. Zusammenfassung der geologischen Vorgeschichte

Siehe [4], ab Seite 15 von Wolfgang Völk

Für die Gemeinden Grafrath, Kottgeisering, Schöngeising

Eine sehr bewegte Zeit mußte unsere Heimatlandschaft von Anbeginn über sich ergehen lassen, ehe sich die heutige Erdoberfläche bildete. Geologisch gesehen, ist es ein interessantes Gebiet. Überhaupt das gesamte Gebiet des Landkreises Fürstenfeldbruck gliedert sich in vier gewaltige Zeitabschnitte. Wenn im nördlichen Teil das Tertiärhügelland in Erscheinung tritt als älteste Erdformation, so weist der Westen eine Altmoränenlandschaft auf. Von den vier Eiszeiten, welche den Raum zwischen den Alpen und der Donau bildeten, nämlich die Günz-, Mindel-, Riß- und Würmeiszeit, benannt nach Flüßen des Alpenvorlandes, berühren zwei unser Gebiet. Es ist im westlichen Landkreis die Rißeiszeit von Geltendorf bis Augsburg.

Unsere Gegend nördlich des Ammersees wurde in der letzten Eiszeit, der Würmeiszeit, gebildet. Den Bereich der Gemeinden Geltendorf, Moorenweis, Türkenfeld, Zankenhausen, Kottgeisering, Wildenroth, Unteralting, Schöngeising und Holzhausen durchziehen die Bögen dreier würmeiszeitlicher End- oder Jungmoränenwälle. Diese lagern sich konzentrisch um das Ammerseebecken, das in Zankenhausen, Kottgeisering, Grafrath und Unteralting mit dem nördlichen Teil in unseren Heimatlandkreis hineinragt. Jeder der Endmoränenwälle markiert eine längere Stillstandsphase des Eises, in der die Gletscher immer neue Schuttmassen an der Stirnseite der Wälle ablagerten und somit recht beachtliche Höhenformen schuf. Diese kommen besonders rund um Grafrath und südlich von Schöngeising eindrucksvoll vor. Die Oberfläche dieser

Jungmoränenzüge weist, von Tälern und Höhen durchsetzt, im Gegenteil zu den westlichen Altmoränen, überaus unruhige Formen auf. Deshalb sind die Wälle auch heute noch größtenteils mit Wald bedeckt und nur an wenigen flachen Stellen bieten sich landwirtschaftliche Nutzungsflächen. Das ist ein Grund dafür, daß von Eichenau angefangen bis herauf in unsere Gegend noch ein zusammenhängender Wald vorhanden ist. Zwischen den einzelnen Moränenwällen finden wir zahlreiche kleinere, flachere Hügel von unregelmäßiger Gestalt und Größe, die sogenannten Grundmoränen, die der Gletscher auf seiner Unterseite abgelagert hatte. Durch sie hindurch haben sich die Schmelzwässer des sich zurückziehenden Eises ihren Weg gebahnt und sich zu gewaltigen, reißenden Flüssen vereint, die an einzelnen Stellen die stauende Mauer der Endmoränenwälle durchbrachen. Sie rissen riesige Schottermengen mit sich fort, lagerten sie wieder zwischen den Wällen ab und so ergab sich die Münchener Schotterebene vorwiegend im östlichen Teil unseres Landkreises.

Der Ammersee, der im Norden bis Kottgeisering und im Süden bis nach Weilheim reichte, ist im wesentlichen eine Schöpfung der letzten Eiszeit, deren Ende ungefähr 15-20000 Jahre vor Christus angesetzt wird. Das Vordringen des sogenannten Ammerseegletschers künden uns heute noch die mächtigen Endmoränenwälle in unserer Gegend. Der Wasserspiegel war ehedem um 40m höher als heute. Bei der Kirche Höfen fanden diese riesigen Wassermassen einen Ausgang und sägten die Endmoränenwälle durch. So bildete sich das landschaftlich so reizvolle **Ampertal** von Wildenroth bis nach Fürstenfeldbruck und weiter. In dem Grade, als sich die

Scharte beim **Amperdurchbruch** bei Höfen vertiefte, mußte der Wasserspiegel sinken. Das ganze Ampermoos zwischen Grafrath und Stegen, ebenso von Dießen bis Weilheim, ist verlandeter See. Die tiefste Stelle des Ammersees beträgt 81,5 m zwischen Herrsching und Riederau. Durch den Ammersee floß einst die Uramper. Diese führte südlich des Sees den Namen Ammer und nördlich hieß sie Amper und heute noch.

Das Ampermoos ist ein Niederungsmoor, überwachsen von Schilfrohr, Binsen und Riedgräsern, vor allem der Carex, die büschelförmig in sog. Bulten, dem Grunde aufsitzt. Seit 1955 steht das Ampermoos unter Landschaftsschutz. An Vogelarten finden wir im ausgedehnten Moos: Kiebitze, Reiher, Wildenten, Haubentaucher, schwarzes Wasserhuhn, genannt das Tuckanterl. Durch das Schilf huschen die braunen langbeinigen Strandläufer, Bekassinen fliegen im Zickzackkurs, der weiße Gänsesäger oder der Fischadler genannt, die Möven vom Ammersee darunter die kleine Lachmöve und die große Königsmöve sind hier zu Gast. Feldhasen, Rehe und Füchse finden sich ein. Die Hausmüllverwertung der Landeshauptstadt München plante vor dem 2. Weltkrieg das ganze Ampermoos von Grafrath bis nach Stegen aufzufüllen, um daraus Wiesen zu gewinnen. Der Ausbruch des Krieges vereitelte diesen Plan. Auch war in den Nachkriegsjahren an einen Stausee gedacht. Die starken Einsprüche der Anliegergemeinden, Naturschutz und andere Institutionen verhinderten eine nur etwa 50 cm hohe Wasserstauung, die zwar Wasserreserven zur Stromerzeugung erbracht hätte, nicht aber dem Fremdenverkehr und der Erholung dienlich gewesen wäre.

Zeugen der Eiszeit sind mit den Toteislöchern auch die großen Findlingssteine. Nordöstlich von Wildenroth ist die „Wolfsgrube" als Toteisloch klar erkennbar. Daneben noch eine kleinere Senkung. Bei den großen Erdbewegungen vor Jahrtausenden (130.000 bis 20.000 v.Chr.) haben riesige Eisfluten vom Fernpaß, über Mittenwald, Murnau bis zum einstigen Ammerseeufer bei Grafrath, Gletscher und Geröll hier abgesetzt. Um diese Urgletscher herum staute sich Geröll, bis wärmeres Klima die Eis- und Gletschermassen schmelzen ließen und so diese Toteislöcher zutage traten. Im „tiefen Tal" östlich von Unteralting, gleich links außerhalb des Dorfes, ist ebenso ein Toteisloch wie nördlich von Wildenroth an der Waldstraße links nach Jesenwang im Reihermoos (Roagamoos).

Findlingssteine, als erratische Blöcke, auch als Irrblöcke aus Syenit, oder harter Kieselkalkstein aus den Flyschbergen des Hörnle-Aufackergebietes südlich des Staffelsees, finden wir in unseren Wäldern. In der Würmeiszeit mit Geröll, Eis und Gletscher über die Alpen nach Norden in das Vorland vorgetragen, wurden diese Steine hier abgelagert. Zwei derselben sind in einer Erdmulde zwischen Wildenroth und Schöngeising über dem Steilhang der Amper bei der Sunderburg zu sehen. War es Zufall, oder von Menschenhand geschaffen, daß einer dieser riesigen Steine zum anderen hergebracht wurde. Beide zusammen bilden gewissermaßen einen Altar mit dem Altartisch und den Altaraufbau, will man es mit einem Altar einer katholischen Kirche vergleichen.

Das Obb. Archiv will wissen, daß es eine heidnische Kultstätte war und auch eine mündliche Überlieferung kommt zur Überzeugung, es war eine Versammlungs-, Richt- und Kultstätte der Ureinwohner. Die heidnischen Opfersteine bestehen aus feinkörnigem glimmerartigem Granit von außerordentlicher Dichtigkeit. Jeder der beiden Opfersteine hat ein Gewicht von 160 bis 180 Zentner. Sie wurden mit mangelhaften Werkzeugen zu ihrem späteren Zweck dienlich gemacht, sagt das Obb. Archiv Bd. 32.

Der untere vordere Stein hat eine Länge von 2,75m, 93cm Breite und ragt nur mit 42cm aus dem Boden in der Mulde. Der obere etwas hintere Stein hat ein Oberflächenmaß von 2,70m Länge, 80cm Breite und in der Mitte eine Höhe von 1m.

Abb. 14 Opfersteine bei Wildenroth

Ein dritter Steinblock ist am Waldrand vom Fußweg von Unteralting nach Inning. Er hat den Namen „Teufelsstein" bekommen. (Siehe Sagen). In den Zwischeneiszeiten mit wärmerem Klima gab es auch bei uns tropische Pflanzen und Tiere. Ein Zahn eines Mammut-Urelefanten konnte in 6m Tiefe in der Kiesgrube Walch zwischen Jesenwang und Landsberied gefunden werden, ebenso in Günzlhofen und in Steindorf.

3. Archäologie

3.1. Geschichte der Archäologie im Landkreis FFB

Siehe [3], ab Seite 33, Toni Drexler; gekürzt!

Spätestens seit der frühen Neuzeit hat es den Menschen interessiert, woher wir kommen und wer vor uns da war. Bodendenkmäler sind sichtbare Zeichen aus der Vergangenheit, die schon vor Jahrhunderten Menschen anregten, sich mit der ältesten Geschichte ihrer Heimat zu befassen.

„Am 15. Juni 1763, am heiligen Veitstag, fand der Schweinhüter Mathias Mayer von Grunertshofen zwischen dem Sommer- und Brachfeld in der Fahrgassen ein seltsames Goldstück." Der Finder verkaufte das rätselhafte Goldstück dem damaligen Posthalter von Bruck, Franz Jakob Weiß, um den stolzen Preis von 6 Gulden. Was damals weder Finder, Käufer noch eingeschaltete Fachleute erkannten, das „seltsame Goldstück" war ein so genanntes „Regenbogenschüsselchen"', also eine keltische Goldmünze. Sie ist der früheste nachweisbare archäologische Fund aus dem Landkreis. Die Münze hat sich bis heute in Familienbesitz erhalten.

Eine der ersten wissenschaftlichen Untersuchungen der Vor- und Frühgeschichte Bayerns fand in Esting, Landkreis Fürstenfeldbruck, statt. Der bekannte Geschichtsschreiber Lorenz Westenrieder (1749-1829), Sekretär der Historischen Klasse an der kurfürstlichen Akademie der Wissenschaften in München, unternahm 1789 zusammen mit dem Benediktinerpater und Akademiesekretär Ildefons Kennedy (1722-1804) eine Ausgrabung von drei Grabhügeln in der Nähe von Esting. Erstmals für eine archäologische Grabung in Oberbayern liegt davon eine ausführliche Dokumentation mit Abbildungen vor, die Westenrieder 1794 veröffentlichte. Unklarheit herrschte damals noch über die chronologische Einordnung der gemachten Funde, die man inzwischen als hallstatt- und römerzeitlich bestimmt hat: *„Ob nun diese Hügel von ein und demselben Volk, und von welchem, und wann sie errichtet seyn mögen: darüber kann aus den angestellten Versuchen vielleicht gemuthmaßet, aber noch zur Zeit mit Grund nichts Bestimmtes festgesetzt werden"*.

Ungefähr zur selben Zeit legte der Geistliche Rat, Pfarrer und Dechant in Mammendorf, Franz Xaver Therer (1756-1811), einen Plan der großen Grabhügelgruppe südwestlich von Schöngeising an. ...

Die Entdeckung Trojas durch Heinrich Schliemann (1822-1890) und die Publikation der Grabungsergebnisse 1874 löste eine Welle des Interesses für die Urgeschichte auch des eigenen Landes aus. In den 70er Jahren des 19. Jahrhunderts entwickelte sich die Gegend um Fürstenfeldbruck zu einem regelrechten Forschungsareal. Der Fürstenfeldbrucker Geschichtsschreiber Franz Seraphin Hartmann (1824-1882) ließ Pläne von Geländedenkmälern anfertigen und nahm auch mit einigen Helfern eigene Ausgrabungen in der Nekropole **Mühlhart** bei **Wildenroth** und bei Nannhofen vor. Beim Bau der Eisenbahn Pasing – Buchloe in den Jahren 1870-1872 wurden entlang der Bahntrasse insbesondere in Roggenstein, Fürstenfeldbruck und Schöngeising zahlreiche Bodendenkmäler entdeckt und zerstört. Hartmann dokumentierte und barg die Funde, die ihm bekannt wurden. Einige von diesen haben sich in der Archäologischen Staatssammlung erhalten. Leider sind seine umfangreichen Aufzeichnungen aus den verschiedenen Grabungen bisher noch nicht wissenschaftlich ausgewertet. ...

Einer der eifrigsten Ausgräber in den letzte zwei Jahrzehnten vor 1900 war der Historienmaler Julius Naue (1835-1907), der Hügelgräber in Oberbayern öffnete, viele davon auch im Landkreis Fürstenfeldbruck. Seit 1888 arbeitete er mit Genehmigung und im Auftrag des Ministeriums des Innern für Kirchen- und Schulangelegenheiten und unterstützt von der Commission für die Erforschung der Urgeschichte Bayerns der Akademie der Wissenschaften. Seine Erkenntnisse publizierte Naue und wurde dafür von der Universität Tübingen mit dem Doktorhut ausgezeichnet. Zwar haben sich zahlreiche Funde von seinen Aktivitäten erhalten (insbesondere aus den Gräbern des „**Mühlhart** [Haberlaich]" bei **Wildenroth** ..., doch gibt es leider nur sehr lückenhafte Funddokumentationen hierüber; eine eindeutige Zuweisung der verschiedenen Funde zu den Grabhügelfeldern oder sogar zu einzelnen Hügeln ist oftmals nicht mehr möglich.

Erst zu Beginn des 20. Jahrhunderts kann man von einer systematischen wissenschaftlichen Beschäftigung mit Archäologie sprechen. 1908 führte dies zur Einrichtung eines „Generalkonservatoriums der Kunstdenkmale und Altertümer Bayerns", das seit 1916 die Bezeichnung „**Landesamt für Denkmalpflege**" trägt und auch für die Bodendenkmäler zuständig ist. Eine erste systematische Dokumentation der bis dahin bekannten Geländedenkmäler und vorgeschichtlichen Funde unternahm Franz Weber, die 1909 publiziert wurde. Die Zusammenstellung der Funde und Befunde für das Bezirksamt Bruck hat der Lehrer an der Unteroffiziersschule Fürstenfeld Max Rietzler 1905 vorgenommen. In dieser Zusammenstellung finden sich im Bezirksamt Bruck 126 eindeutige und 22 zweifelhafte Fundstellen. ...

In der unmittelbaren Nachkriegszeit (nach 1945) setzten sich der Kreisheimatpfleger August Miller und der damalige Vorsitzende des Historischen Vereins von Fürstenfeldbruck, Kurat Wilhelm Bayerl, für die Belange der Archäologie ein. Von 1956 bis 1983 war Kreisheimatpfleger **Wolfgang Völk** (1919-2002) aus Wildenroth oftmals der Einzige, der bei Bauarbeiten oder bei im Kiesabbau zutage getretenen archäologischen Funden quasi als „archäologische Feuerwehr zur Stelle war, da die Archäologen des Landesamtes weit weg waren und zudem ein viel zu großes Gebiet zu betreuen hatten. Leider konnte er oft nur noch die Funde aus zerstörten Gräbern bergen und diese melden. Dennoch sind zahlreiche Fundstellen und Funde im Landkreis seinem wachsamen Auge und seiner Präsenz zu verdanken. ...

Im November 1983 übernahm **Toni Drexler** das Amt des Kreisheimatpflegers für den archäologischen Bereich. In enger Zusammenarbeit mit dem Landesamt für Denkmalpflege hat er bei Bodenarbeiten in bekannten oder vermuteten Fundorten eine sachgemäße Ausgrabung zu veranlassen und Funde zu melden. ...

Als Partner des Bayerischen Landesamts für Denkmalpflege und des Kreisheimatpflegers tritt seit 1991 der **Arbeitskreis Vor- und Frühgeschichte** des Historischen Vereins Fürstenfeldbruck in Erscheinung. Dem zunächst von Dr. Klaus Burkhardt sowie Andreas Geyer geleiteten Arbeitskreis steht seit 1994 Rolf Marquardt mit großem Engagement vor. Er wird nun von Fritz Aneder geleitet. Dieser Arbeitskreis beschränkt sich nicht nur auf die Vermittlung archäologischer

Ergebnisse, sondern führt seit 1992 vermehrt auch eigenständig Grabungen durch. Z.B. die Untersuchungen auf der **Sunderburg** bei Schöngeising zwischen 2002 und 2006.

3.2. Die Sunderburg

Siehe [3], ab Seite 132, M. Schefzik

Schöngeising: Die vorgeschichtliche Höhensiedlung auf dem Schlossberg „Sunderburg"

Das Plateau des Schlossberges liegt im Jungmoränengebiet unmittelbar südlich der Amper zwischen Schöngeising und Wildenroth. Die weitgehend ebene Hochfläche des Schlossberges wird im Nordwesten und im Osten durch steil abfallende Hänge (Höhenunterschied: ca. 30 m) natürlich geschützt. Nach Südwesten sichert den Sporn ein Abschnittswall mit mehreren Gräben und Wällen (wohl mehrperiodige Anlage). Der auf diese Weise abgegrenzte Bereich des Plateaus umfasst eine Fläche von ca. 1ha. Die äußerste, im Norden gelegene Spitze des Schlossberg-Plateaus weist eine mittelalterliche Befestigung (Wallburg) in Form eines relativ kurzen, aber mit noch maximal 7m erhaltener Höhe sehr markanten Abschnittswalles auf. Dieser Bereich, für den auch ein Jagdhaus des 16. Jahrhunderts historisch belegt ist, wird im Volksmund als „Sunderburg" bezeichnet.

Lesefunde sowie ein Sichelpaar ergaben erstmals klare Hinweise auf eine vorgeschichtliche Besiedlung des heute dicht bewaldeten Sporns. Die daraufhin seit 2003 durchgeführten kleineren Sondagen erlauben mittlerweile erste Aussagen zur Chronologie und Erhaltung der Anlage. Bislang wurden Flächen von insgesamt 34m^2 vornehmlich am äußersten nördlichen Rand des Hochplateaus freigelegt.

Trotz der geringen Größe der Schnitte konnten ca. 30 Befunde festgestellt werden, die sich deutlich im anstehenden hellen Kiesschotter abzeichneten. Neben einem wohl mittelalterlich/neuzeitlichen Baubefund und mehreren grabenartigen Strukturen handelt es sich dabei vor allem um Gruben und kleine Pfostengruben mehrheitlich vorgeschichtlicher Zeit.

Vom Schlossberg stammen zahlreiche Funde. Hierbei dominieren Keramikscherben bronze- und urnenfelderzeitlichen Alters das Fundspektrum. Erheblich geringer ist der Anteil an hallstattzeitlicher, mittelalterlicher und neuzeitlicher Keramik. Zahlreiche Ziegel- und Mörtelfragmente, Knochen, einige Bröckchen Glasschmelze, hauchdünne Glasscherben, wenige Eisenfragmente und Bronzen sowie ein Silexobjekt runden das Fundspektrum ab.

Zwei 12-13 cm lange, von einem Sondengänger geborgene Bronzesicheln gehören zum seltenen so genannten Typ Böheimkirchen, der als erster metallener Vertreter dieser Erntegeräte in Süddeutschland gelten kann und die Ablösung der bis dahin ausschließlich aus geschäfteten Silices hergestellten Sicheln einleitete.
Zeitlich lässt sich dieser Sicheltyp dem Übergang von der frühen zur mittleren Bronzezeit zuweisen. Der kleine Depotfund, der sicher als eine Opfergabe an höhere Mächte zu verstehen ist, fand sich auf mittlerer Höhe zwischen Plateau und Amper am Nordwesthang des Schlossberges.

Die auffälligsten Funde der Sondagegrabungen sind ohne Zweifel mehrere Bronzen und ein Silexobjekt. Insbesondere eine völlig intakte Pinzette stellt nicht nur aufgrund ihrer Unversehrtheit eine große Seltenheit im Rahmen von Siedlungsgrabungen dar.

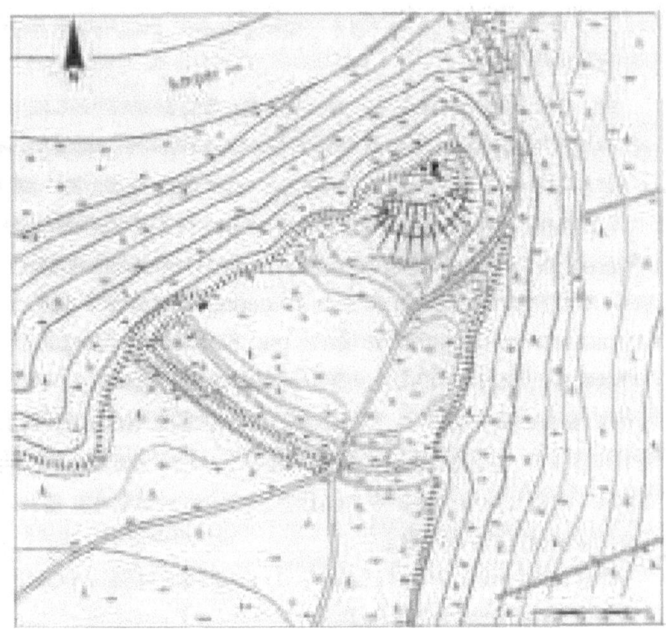

Abb. 15 Lageplan der Sunderburg an der Amper

Topographische Aufnahme der befestigten Höhensiedlung auf dem Schlossberg bei Schöngeising. Die Sondageschnitte von 2002-2005 sind als schwarze Rechtecke eingetragen.

Bronzene Pfeilspitzen sind eine gängige Fundgattung im Bereich spätbronze-/urnenfelderzeitlicher Höhensiedlungen. So verwundert es nicht, dass auch auf dem Schlossberg zwei dieser Waffen gefunden wurden. In einem Fall handelt es sich um eine Blattspitze mit Dorn, in dem anderen um eine ungewöhnliche, da bolzenartige Tüllenpfeilspitze. Deutlich älter als die beiden bronzenen Exemplare ist eine kunstvoll gearbeitete Silexpfeilspitze. Derartige gestielte Pfeilspitzen gehören mehrheitlich der Frühbronzezeit an.

Bei der Keramik lassen sich die frühesten sicher ansprechbaren Stücke über charakteristische Formen und Verzierungen, wie punktgefüllte Dreiecksmuster und horizontal umlaufende, meist tief eingeschnittene und kornstichgesäumte Rillenbündel, eindeutig der jüngeren Frühbronzezeit zuweisen. Aufgrund der typischen Verzierung aus gestempelten Dreiecken kann ein Schalenfragment auf die mittlere bis späte Bronzezeit eingegrenzt werden. Spätbronze- oder urnenfelderzeitlich einzuordnen sind die zahlreichen Fragmente von Trichterrand- und Zylinderhalsgefäßen. Besonders typisch ist eine Wandscherbe mit zwei Reihen aus feinen Schrägkerben (keine echte Ringabrollung), die eine Ritzlinie begleiten. Sie gehört in den Umkreis der Gefäße mit Attinger Verzierung.

Abb. 16 Bronzezeitliche Sicheln vom Schloßberg

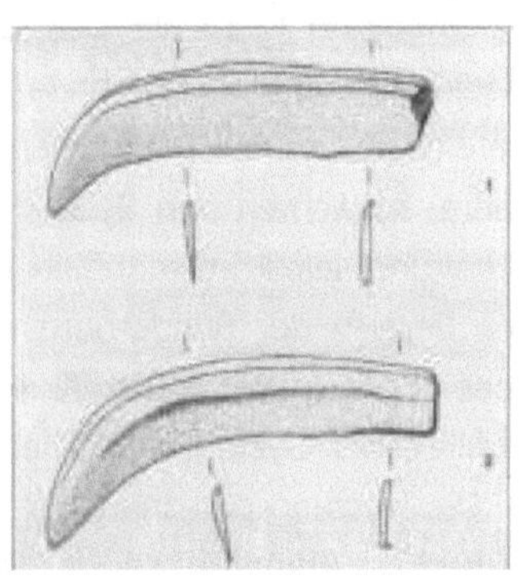

Klare Hinweise auf eine Nutzung der Höhensiedlung auch noch während der Hallstattzeit geben mehrere Keramikscherben. Hierzu gehören etwa das Fragment eines Kegelhalsgefäßes mit Resten einer rotbraunen Bemalung und Graphitierung sowie eine Wandscherbe mit einem typischen Girlandenmuster aus feinen, weiß inkrustierten Einstichreihen.

Eine Auswertung der Tierknochen steht noch aus. Erwähnung verdienen allerdings schon jetzt einige Schalen von Flussmuscheln der Gattung Unio, die sich in einer urnenfelder- oder hallstattzeitlichen Grube fanden und die Nutzung der nahen Amper als Jagd- und Fischgrund belegen.

Mit den neuen Befunden und Funden vom Schlossberg bei Schöngeising kann die Liste von vorgeschichtlichen Höhensiedlungen Süddeutschlands um einen weiteren Fundort bereichert werden. Die kleinen Sondagegrabungen der letzten Jahre erbrachten den Beleg, dass die Befundsituation und -Erhaltung selbst im mittelalterlich/neuzeitlich stark überprägten Bereich der Sunderburg durchaus noch günstig zu sein scheint. In naher Zukunft sollen Untersuchungen an den Wall-Graben-Systemen Klarheit über ihre Zeitstellung bringen.

Die Nutzung der dreieckigen Hochfläche begann nach den bisherigen Erkenntnissen in der jüngeren Frühbronzezeit, ein bekanntes Phänomen im süddeutschen Bereich. Die auf zwei von drei Seiten durch steile Hänge natürlich geschützte Lage war sicher nur ein Grund für die Wahl des Platzes. Ein zweiter dürfte in der unmittelbaren Nähe zur Amper gesucht werden, die mit größter Wahrscheinlichkeit als Verkehrsweg und Handelsroute genutzt wurde. Vom Plateau des Schlossberges aus war diese Passage leicht zu kontrollieren.

Besonders stark im Fundstoff vertreten ist nach der jüngeren Frühbronzezeit dann wieder die Urnenfelderzeit. Aus dieser Epoche kennt man im südlichen Mitteleuropa eine Vielzahl befestigter Höhensiedlungen. Mit wenigen, aber charakteristischen Funden kann schließlich auch eine Nutzung der Höhensiedlung während der Hallstattzeit glaubhaft gemacht werden.

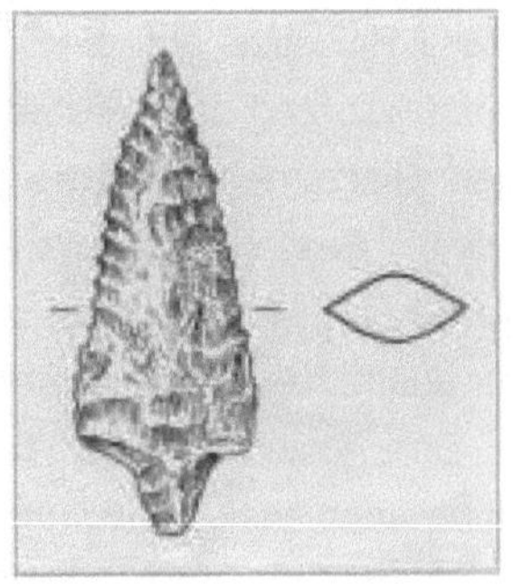

Abb. 17 Silexpfeilspitze

3.3. Haberlaich, Mühlhart

Siehe [3], ab Seite 136, W. Irlinger

Grabhügelfeld in der „Haberlaich, Mühlhart"

Südlich des Sportplatzgeländes von Grafrath liegt innerhalb eines Waldgebietes eines der größten Grabhügelfelder in Südbayern. Bereits 1903 wurde die Nekropole im Augsburger Wanderbuch von Gustav Euringer als „gewaltiges Grabhügelfeld im tiefen Waldesfrieden" beschrieben. An dieser Situation hat sich nichts geändert. Durch den Wald geschützt, haben sich bis heute 124 sichere und 2 vermutete Grabhügel erhalten. Sie liegen in fast ebenem Gelände und weisen beträchtliche Größenunterschiede auf. Neben kleinen Hügeln mit nur wenigen Metern Durchmesser gibt es solche, die Durchmesser von über 20m besitzen und mehrere Meter hoch erhalten sind.

Abb. 18 Grafrath, der größte Grabhügel mit 27m Durchmesser

Der Plan verdeutlicht, dass die Struktur des Grabhügelfeldes sehr uneinheitlich ist. Im nördlichen Teil liegen die Hügel teilweise dicht gedrängt und sind an manchen Stellen sogar regelrecht aneinander gebaut. In diesem Bereich finden sich auch die beiden mächtigsten Grabhügel. Südlich des größten wird die Belegung des Friedhofes deutlich lockerer.

Hier sind nur noch kleine bis mittelgroße Hügel bekannt. Am Rand des Friedhofes liegen sie mit großen Abständen voneinander. Ob sich in dieser Struktur auch eine zeitliche Abfolge widerspiegelt, kann nicht nachgewiesen werden.

Die im Gelände noch sichtbaren Erhebungen bilden aber nur einen Ausschnitt aus dem tatsächlichen Grabhügelfeld. Im Februar 1988 gelang es weitere, heute vollständig verflachte Gräber nachzuweisen. Dieser Teil des Friedhofes schließt sich im Westen an das Waldgebiet an und wird heute als Ackerland genutzt. Helle runde Stellen im Boden weisen auf weitere etwa 120 Gräber hin. Die Gesamtausdehnung des Grabhügelfeldes erstreckt sich somit über mehrere hundert Meter und besteht aus etwa 250 Hügeln. Großflächige Ausgrabungen zum Beispiel in Pöcking, Lkr. Starnberg, haben zudem gezeigt, dass zwischen den Hügeln mit weiteren Bestattungen gerechnet werden muss. Hierbei handelt es sich um unscheinbare, obertägig kaum gekennzeichnete Brandgräber. Die Untersuchung in Pöcking wie auch auf anderen Friedhöfen zeigte, dass die Grabhügel nur den geringeren Teil an Bestattungen ausmachen. Es muss daher auch in Grafrath davon ausgegangen werden, dass die tatsächliche Zahl der Gräber deutlich über den etwa 250 Hügeln liegt.

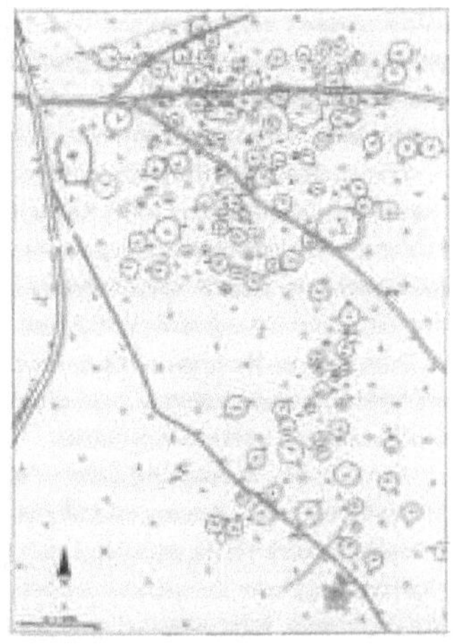

Abb. 19 Plan des Grabhügelfeldes

Die Geschichte der Erforschung der Grabhügel gleicht der einer Vielzahl von Nekropolen in Südbayern, die bereits im 19. Jahrhundert in großem Umfang untersucht wurden. Schon 1839 wurden zwei Hügel geöffnet, wobei in einer Notiz als Funde Asche, Kohle und Scherben angeführt werden. Eine erste große Grabung erfolgte dann um 1870 durch Franz Seraphin Hartmann, von dem etwa 20 Hügel geöffnet wurden. Leider gibt es zu dieser Untersuchung keinen Bericht.

Die massivsten Eingriffe in das Grabhügelfeld erfolgten allerdings durch Julius Naue, der sich Ende des Jahrhunderts der Grabhügelforschung verschrieben hatte. Zwischen 1892 und 1895 grub er insgesamt 93 Hügel aus. Durch seinen Bericht wissen wir heute zumindest etwas von den Bestattungssitten und den angetroffenen Funden. Zum Hügelaufbau gibt er Hinweise, ob es sich um einen reinen Erdhügel handelt oder ob Steineinbauten, vielleicht als Ummantelung der hölzernen Grabkammer, vorhanden waren.

Die Art der Bestattung blieb durch alle Zeiten sehr einheitlich. Die Verstorbenen wurden meist auf einem Scheiterhaufen verbrannt. In der Grabkammer befand sich der Leichenbrand entweder als ein Häufchen niedergelegt oder ausgestreut. Körpergräber waren dagegen sehr selten. Ihr Auftreten beschränkte sich wohl auf die jüngsten Zeitstufen. Bei allen Gräbern spricht Julius Naue davon, dass sich eine unterschiedliche Zahl an Gefäßen gefunden hat, teilweise waren diese nur über wenige Scherben nachweisbar.

Manche Gräber wurden erst zu einem späteren Zeitpunkt als Nachbestattung in den Hügeln angelegt, wie folgendes Zitat zu den Befunden in Hügel 59 zeigt: *„In der Tiefe von 70cm zwei Bestattungen (Nachbestattungen) in folgender*

Weise: das eine auf dem Rücken liegende Skelet hatte die Richtung von Süd nach Ost, während das andere von Ost nach West orientiert war, sodaß die Füße beider im rechten Winkel aneinanderstießen. Diesem Skelete fehlte jedoch der Schädel. Auf der Brust des Skeletes lag die Eisenfibel, daneben die Spiralrolle und das Bügelfragment einer Bronzearmbrustfibel. Am rechten Ellenbogen der Oberarmring. Grabgefäße fanden sich in einer Tiefe von 1,20 m, wo ein Brandplatz errichtet war, in dessen Mitte verbrannte Knochen auf einem Häufchen lagen. (Erstbestattung) Man hatte neben dasselbe vier Gefäße niedergestellt."

Naue datierte nach dem damaligen Kenntnisstand 22 Gräber in die Bronzezeit und 71 in die Hallstattzeit. Die tatsächliche Verteilung der Bestattungen auf die einzelnen Zeitstufen lässt sich heute nicht mehr konkret ermitteln, da seine Beschreibungen des Fundgutes zu ungenau sind, viele Funde verschollen sind oder den einzelnen Hügeln nicht mehr zugeordnet werden können. Eine moderne Auswertung seiner Zeichnungen und der erhaltenen Objekte zeigt, dass neben der Bronze- auch die Urnenfelder- sowie die Hallstatt- und auch die Laténezeit nachgewiesen werden können. Für Grafrath ist somit eine beträchtliche Nutzungsdauer des Friedhofes belegt. Die ältesten Grabhügel entstanden wohl um 1600/1500 v.Chr. Die jüngsten Bestattungen waren keltisch und als Nachbestattungen in älteren Hügeln angelegt. Diese fünf Gräber gehören in das 5. und 4. Jahrhundert v. Chr.

Die Grabungstechnik von Naue bestand darin, dass vom höchsten Punkt des Grabhügels ein Trichter nach unten getrieben wurde, bis die Bestattung erreicht war. Dort wurde die Fläche erweitert, das Gesehene beschrieben und die Beigaben entnommen. Moderne Nachuntersuchungen in anderen Grabhügelfeldern haben gezeigt, dass mit der beschriebenen Methode meist nicht das gesamte Grab erfasst wurde. Ebenso fehlen natürlich Untersuchungen der Bereiche zwischen den Hügeln. Heute geben sich die alt untersuchten Gräber durch unterschiedlich tiefe Löcher in der Hügelmitte gut zu erkennen.

3.4. Schöngeising

Siehe [3], ab Seite 160, D. Steinerstauch,R. Marquardt

Schöngeising: Der römische Ort

Schöngeising liegt an der Amper, die aus dem Ammersee kommend nach Nordosten fließt und bei Moosburg in die Isar mündet. Der Fluss durchschneidet den Endmoränenriegel südöstlich von Schöngeising in einer 20 bis 30m **tiefen Schlucht** (Anmerkung: das ist die unsrige!) und umfließt den Ort - im sich ost-westlich erweiternden Tal - in einer großen S-Schleife.

Im Itinerarium Antonini wird **Ambrae** zweimal aufgeführt: zum einen als letzte Station vor Augsburg an der Ost-West verlaufenden Fernstraße von Iuvavum (Salzburg) über Pons Aeni (Pfaffenhofen/Innübergang) nach Augusta Vindelicum (Augsburg), zum anderen als erste Station nach Augsburg einer nach Süden Richtung Parthanum (Partenkirchen) führenden Straße, die in Ambrae abzweigte. Es handelt sich also bei AMBRAE mit großer Sicherheit um den **Flussübergang** über die **Amper** im heutigen Ort Schöngeising.

Bei Niedrigwasser der Amper, wie im Mai 1987, konnte man die Köpfe von Holzpfählen sehen. Ein Teil von ihnen wurde bei einer Flussregulierung herausgezogen und zwei davon dendrochronologisch untersucht. Beide Pfähle können, da die äußeren Wuchsringe fehlen, nur allgemein an das Ende des 1. Jahrhunderts n.Chr. datiert werden.

Der Unterwasserarchäologe Marcus Prell schließlich konnte nördlich der so genannten Turminsel insgesamt 29 Pfähle im Flussbett orten, die seiner Meinung nach eine einfache Jochbrücke über die Amper trugen.

Die römische Fernstraße Augsburg - Salzburg (heute als „**Via Julia**" bezeichnet) konnte im Raum Schöngeising an mehreren Stellen nachgewiesen werden. Sie verlief von Nordwesten her in etwa auf der Straße von Landsberied zum Bahnhof Schöngeising. Ein Teil der Bahnhofsanlage steht vermutlich direkt auf der römischen Straße. Ihr weiterer Verlauf deckt sich aber nicht mit der „Römerstraße" vom Bahnhof in die Ortsmitte. Sie führte vielmehr durch ein kurzes Waldstück südlich des Bahnhofs, dann durch das anschließende Wohngebiet, von dessen Südostrand über landwirtschaftlich genutzte Flächen, wo sie im Gelände als eine schwache Erhebung noch zu erkennen ist. Sie kreuzte nördlich des Ortsschildes von Schöngeising den Zubringer zur B471 und stieß dann auf die Amper. Jenseits der Amper ist sie bis zur Zellhofstraße im Gelände zu erkennen, am Weg markiert ein Gedenkstein ihren Verlauf.

Eine zweijährige Grabung südlich der Römerstraße erbrachte zahlreiche Belege für ein Gewerbegebiet an dieser Stelle. Münzen, Fibeln, Schmuck, Geräte und Keramik weisen auf eine Nutzungszeit von der Mitte des 1. Jahrhunderts bis Ende des 4. Jahrhunderts. Aufgrund weiterer Funde, insbesondere Graphittonscherben, kann eine Belegung des Platzes bereits in der Spätlatènezeit nachgewiesen werden, eventuell im Zusammenhang mit den nahe gelegenen Keltenschanzen bei Holzhausen.

Im untersten Planum der Grabung fanden sich die Böden von mindestens zwei Öfen zur **Metallverarbeitung** aus dem 2. Jahrhundert, wegen der Schlacke- und Gusskuchen vermutlich Schmelzöfen.

Auf der obersten Ebene lagen große Mengen zerschlagenen Jurakalksteins bzw. Bruchstücke von Bauten und Grabmälern, darunter Teile zweier Sarkophagdeckel. Da einzelne Stücke Bearbeitungsspuren zeigen, könnte es sich um eine Art Recycling von Kalkstein gehandelt haben. (Anmerkung: **Kalkbrennöfen**!)

Schon beim Bau der NATO-Pipeline 1976 kamen zahlreiche Ziegelfragmente südlich des Amperübergangs zum Vorschein. 13 Münzen, fast alle aus spätantiker Zeit, untermauern außerdem die lange Existenz dieser römischen Siedlung.

Aufgrund der topographischen Lage und der Funde aus den letzten Jahren muss man davon ausgehen, dass das römische Schöngeising eine Mansio mit der dazugehörigen Infrastruktur war. Ihre Entfernung von Augsburg betrug 27 römische Meilen (ca. 40 km), also die damals übliche - einer Tagesreise entsprechende - Distanz.

Dass Schöngeising eine sehr alte Geschichte hat, wird in Sagen berichtet, die im 19. Jahrhundert niedergeschrieben wurden. Sie erzählen von Grundmauern und einem schönen Pflaster, auch von einem Bad in der Nähe der Kirche.

Konkreter wird Johann Nepomuk von Raiser, einer der ersten bayrischen Römerforscher. Er schreibt 1830 u.a., dass „in der Ebene ein Castrum von sehr großem Umfange mit Wall und Graben umgeben (lag), dessen Ausdehnung noch 4 Säulen bezeichnen und in dessen Tiefen man 2 Zoll unter der Erde auf eine gepflasterte Straße stößt". Zwei dieser heute „Heigensäulen" genannten Objekte stehen mitten im Ort: an der Ortsstraße von der B471 kurz vor der heutigen Amperbrücke und in der Amperstraße beim Schererhaus.

Um 1950 wies der Heimatforscher Prof. Dr. Rudolf Krallinger durch zwei Grabungen die Existenz der von Raiser genannten Straße eindeutig nach. Ferner fand man verschiedene römische Brandgräber an der Straße und in der näheren Umgebung, so beim Zellhof. Als ältester christlicher Fund im Landkreis wurde ein Siegelring mit Christogramm aus dem 4. Jahrhundert in der Nähe von Schöngeising entdeckt.

Die Überlieferung berichtet, dass im Süden der Turminsel, an deren nördlichem Ende der Flussübergang lag, bis 1767 ein römischer Turm stand, den ein Hochwasser weggerissen haben soll. Überreste seien bis 1833 noch sichtbar gewesen.

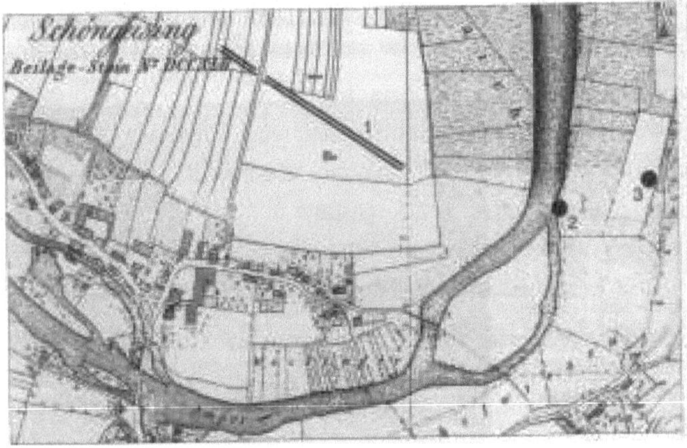

Abb. 20 Karte von Schöngeising mit Eintragung wichtiger römischer Fundpunkte

Krallinger beschreibt außerdem fast kubikmetergroße, rechteckige Blöcke, die 1950 bei einer Ausbaggerung an dieser Stelle zum Vorschein kamen. Er vermutete eine Siedlung südlich der Kirche, wo in älteren Quellen am häufigsten von altem Gemäuer, Gefäß- und Münzfunden die Rede ist. Die Bezeichnung „Weilinger" für eine Flur südlich der Kirche könnte auf eine erste römische Besiedlung mit einer Villa rustica (weil = villa) hindeuten. Ob in Schöngeising, z.B. auf der Turminsel oder in Richtung Landsberied, eine Beneficiarierstation existierte, wie von früheren Heimatforschern vermutet wird, scheint wenig wahrscheinlich, da die gefundenen Militaria aus der Spätantike stammen.

Dass Schöngeising von den Römern als Mansio (lat. Rastplatz, Herberge) und **Flussübergang** gewählt wurde, mag sicherlich damit zusammenhängen, dass es an einer günstigen Stelle der Amper lag. Außerdem handelt es sich um einen der begehrtesten Siedlungsplätze der Vorzeit und des frühen Mittelalters im Gebiet des Landkreises Fürstenfeldbruck. So fand man nördlich von Schöngeising neben einem facettierten Steinhammer ein schnurkeramisches Gefäß.

3.5. Schlossberg Wildenroth

Siehe [3], ab Seite 184, Toni Dexler

Grafrath-Wildenroth: Der Schlossberg

Auf dem bewaldeten Höhenrücken zwischen der B471 und dem sich an beide Seiten der Amper hinschmiegenden Dorf Wildenroth erhebt sich der Schlossberg. Die Reste des Burgstalls sind heute noch gut erkennbar.

Es ist eine für die Zeit typische Befestigungsanlage mit Gräben und Wällen auf einem Hügel mit nach allen Seiten steil abfallenden Hängen. Durch einen Quergraben war das Burggelände in zwei Teile geteilt, in das Kernwerk (im Westen) und in die Vorburg (im Osten). Innerhalb des Kernwerks befand sich das Hauptgebäude, das wahrscheinlich nur aus einem massiv gemauerten Turm bestand. Die Kapelle war dem heiligen Nikolaus geweiht, sie lag innerhalb des Kernwerks auf einem Bergvorsprung. Ein Burgpfarrer Chunrad ist am 1. April 1284 urkundlich bezeugt. 1778 wurde die ehemalige Burgkapelle St. Nikolaus auf der Amperinsel neu erbaut.

Heute befindet sich auf dem Schlossberg eine Kapelle, die 1900 errichtet wurde und dem heiligen Leonhard geweiht ist. Die Anlage wird seitdem auch Kapellenberg genannt.

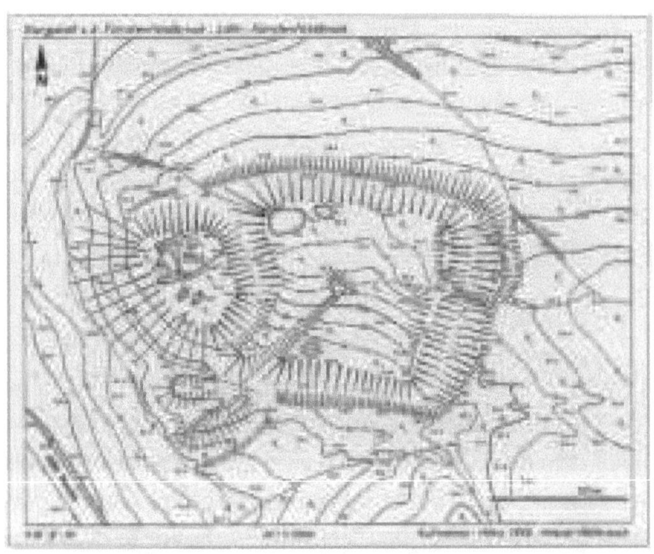

Abb. 21 Topographischer Vermessungsplan der Anlage

Das Adelsgeschlecht der Herren von Wildenroth und das gleichnamige Dorf werden zum ersten Mal im Jahr 1260 urkundlich erwähnt. Die Wildenrother nehmen unter den vielen Geschlechtern des Ampertals einen bedeutenden Platz ein; allein schon erkennbar an den mehr als 100 erhaltenen Urkunden, die Auskunft geben über zahlreiche bedeutende Rechtsgeschäfte, an denen sie beteiligt waren. Burg und Dorf Wildenroth sind eine Neugründung der 1. Hälfte des 13. Jahrhunderts, die aus politisch-strategischen Gründen an einer Engstelle der Amper angelegt wurde. Dieser **Amperübergang** gewann während der Auseinandersetzungen

Abb. 22 Kapelle auf der Amperinsel

der Wittelsbacher mit den Grafen von Andechs eine erhöhte strategische Bedeutung, da von hier aus die Andechser Besitzungen nördlich der Amper kontrolliert und gegebenenfalls von der Stammburg Andechs abgeschnitten werden konnten. Zur Sicherung der Uferstraße übergab der Wittelsbacher Herzog die neu errichtete Burg einem seiner treuesten Gefolgsleute zum Lehen: Konrad von Hegnenberg, der sich nun Konrad (I.) von Wildenroth nannte. Dessen Bruder Hermann war zunächst staufischer, dann wittelsbachischer Ministeriale in Hegnenberg. Die verwandtschaftliche Verbindung ist u.a. auch an den gleichen Wappen, einem quergeteilten Schild in den Farben rot/silber, erkennbar. Konrad trat schon in jungen Jahren in herzogliche Dienste und erreichte bald eine führende Stellung als Marschall, oberster Finanzberater und Friedensrichter. Er starb am 11. Mai 1303. Seine umfangreichen Besitzungen lagen insbesondere südlich von Augsburg und in Buchlohe.

Trotz seiner hohen Stellung wurden Marschall Konrad und sein Sohn Engelschalk in einen heftigen Streit mit ihren adligen Verwandten verwickelt, der mit einem Totschlag endete und die Täter zur Flucht ins Ausland zwang, um der Blutrache zu entgehen: Auf dem Fürstenrat zu Landsberg im Jahr 1297 kam es wegen vorangegangener gegenseitiger Übergriffe auf augsburgische bzw. bairische Besitzungen zu einer gewaltsamen Auseinandersetzung, in deren Verlauf Winhart von Rohrbach (Althegnenberg) durch seine Verwandten Engelschalk von Wildenroth und dessen Vetter Konrad von Haldenberg ermordet wurde. Sie wurden vor das Hofgericht in München geladen und, da sie selbst nicht erschienen, in „die Acht getan" und ihrer Güter für verlustig erklärt. Sie flohen nach Bern, kamen jedoch einige Jahre später zurück, nachdem die Rohrbacher ihre Rache befriedigt und eine Entschädigung erhalten hatten. Die Acht wurde aufgehoben und die Güter zurückerstattet. Am schwersten traf es jedoch den Vater des flüchtigen Engelschalk, Konrad (I.). Obwohl er nicht unmittelbar an der Tat beteiligt war, musste er vor dem Hofgericht erscheinen. Er musste seine Burg **Kaltenberg** herausgeben und eine jährliche „Herrengült" von 22 Pfund Pfennigen bezahlen; die Pfandschaft auf Rauhenlechsberg wurde eingezogen. Außerdem wurde er des Landes verwiesen und musste versprechen, niemals mehr nach Bayern zurückzukehren. Der Chronist Johannes Aventin vermerkt noch, dass auch seine Untertanen in Wildenroth die Flucht ergriffen und sich in Städten als Bürger niederließen. Konrad (I.) wurde später von Pfalzgraf Rudolf wieder in Gnaden aufgenommen und zu seinem Hofmeister bestellt. 1298 und 1305 werden Konrad und Engelschalk von Wildenroth wieder mehrfach urkundlich erwähnt.

Der letzte namentlich bekannte aus dem Geschlecht der Wildenrother war der Sohn von Engelschalk, Konrad (II.). Er ist jedoch nur von 1297 bis 1330 urkundlich nachweisbar. Seine beiden Söhne verstarben sehr früh. Ihre Begräbnisstätte hatten die Wildenrother im Kloster Diessen.

Die Burg wurde bei der oberbayerischen Landesteilung 1310 als herzoglicher Besitz zum Ingolstädter Teil des Herzogs Ludwig IV. geschlagen und bereits 1311 durch den Lehensherrn Herzog Ludwig (den späteren Kaiser Ludwig den Bayern) an Marschall Konrad von Wildenroth um 200 Pfund Pfennig verpfändet. Im Jahre 1319 übertrug Konrad von Wildenroth die Burg mit ihren Zugehörungen an „Leut und Gut, es seien edel oder unedel, sowie si genant sint, Dörfer, Weiler, Höfe, Hube, Zehenden, Dorfrecht, Gericht, Chirchensaetze, Fischentze, Holtzmarck, Aecker ..., es sein Aigen, Lehen, Zinslehen, Vogtey oder Pfantschaft ..." an seinen Oheim, den Truchsess Berthold von Kühlenthal, und die Söhne seines Bruders Siegfried und Berthold. Bereits drei Jahre später schenkte König Ludwig der Bayer Wildenroth mit allen Zugehörungen an das Kloster Fürstenfeld, zunächst jedoch noch - aufgrund der Pfandschaft - in Händen Bertholds und seiner Neffen.

1366 traten die Brüder Siegfried und Berthold, Truchsesse von Kühlenthal, ihre Forderungen um 200 Pfund Heller an das Kloster Fürstenfeld ab. Um 1350 war die Burg faktisch längst im Besitz des Klosters. Es ließ sie gleich den Burgen von Rottbach (Zötzelhofen) und Geggenpoint abbrechen. Über das Dorf Wildenroth übte es von da an die niedere Gerichtsbarkeit aus.

Wildenroth war bis 1803 eine Hofmark des Klosters Fürstenfeld, die 1752 aus 44 Anwesen bestand. Neben einer Mühle handelte sich um so genannte Söldenanwesen, also Handwerker- und Tagelöhnerhäuser.

Auf der höchsten Stelle innerhalb des Kernwerkes steht ein Obelisk mit der Inschrift: „Hier stand die Rassoburg. A.D. 900". Den Stein ließ 1900 der Wildenrother Müller Leonhard Hartl setzen; leider stimmt nichts, was darauf eingemeißelt ist, außer dem Namen des Stifters und dem Errichtungsdatum. Die Burg des überregional bekannten heiligen Rasso befand sich mit Sicherheit nicht auf dem Schlossberg in Wildenroth. Alle Fakten sprechen dagegen. Sie ist nach Ernst Meßmer wahrscheinlich auf dem Michaelsberg in Unteralting oder im Bereich des ehemaligen Klosterwirts in der Nähe des Klosters Grafrath zu suchen.

4. Geschichte

4.1. Unser Heimatheiliger Rasso

Siehe [4], ab Seite 26, Wolfgang Völk

Für die Gemeinden Grafrath, Kottgeisering, Schöngeising

Zu den ältesten Wallfahrtsorten auf deutschem Gebiet zählt Grafrath. Malerisch am Nordoststrand des Ampermooses gelegen, ist die altehrwürdige Wallfahrtskirche und das Kloster Grafrath umgeben von einer äußerst geschichtsreichen und ebenso schönen Landschaft. Aus dem altbaierischen Adelsgeschlecht der Grafen von Dießen und Andechs stammend, genoß der junge Graf eine vorzügliche Ausbildung in den ritterlichen Tugenden und wurde mehrmals Sieger in den damals beliebten Ritterturnieren. In Magdeburg (938) und in Rothenburg ob der Tauber war er Turniervogt, in Konstanz am Bodensee wurde Rasso Turnierkönig.

Abb. 23 Rassoburg 900 n. Chr.

Geboren um das Jahr 880 als Sohn des Markgrafen und Statthalters des nördlichen Reiches Italien und Meranien, Rathold und dessen Gattin Adalona, war Rasso das dritte Kind. Hatta hieß seine Schwester, die sich mit dem Welfen Heinrich I., dem Stifter von Altomünster, vermählte und die Mutter des hl. Konrad, Bischof von Constanz, wurde. Sein Bruder Friedrich, blieb der Stammhalter des angesehenen Grafengeschlechtes. Aus dem gräflichen Hause von Hohenwart sollte Mutter Adalona abstammen, die sich sehr um die religiöse Bildung ihres Sohnes Rasso bemühte.

Etwa um 900 siedelte der zum Gaugraf ernannte Rasso von Dießen in das später nach ihm benannte Grafrath. Hier erbaute er auf der Anhöhe nördlich des heutigen Wildenroth seine Stammburg, das Herrenhaus, mit Vorwerk zum Schutze gegen plötzliche Überfälle. Sein landwirtschaftlicher Gutsbetrieb mit Hofburg entstand an der Nordostseite des einstigen Ammerseeufers. Deshalb führt die bisherige Pfarrkirche den Namen „Höfen" von Hofhaltung des Grafen Rasso. Sein Bruder Friedrich blieb in Dießen, erbaute aber bei der Keltenburg „Sunderburg" ein mittelalterliches Burggehöft, zwischen Wildenroth und Schöngeising und wohnte zeitweise dort.

Ab dem Jahre 845 fielen wiederholt die Feinde unserer damals schon christlichen Heimat, die heidnischen Ungarn in Baiern ein, so daß sich immer wieder baierische Truppen bereithalten mußten, dem Feind entgegenzutreten. Rassos Vater Rathold fiel 902 bei Preßburg in der Schlacht gegen die Ungarn mit Luitpold von Baiern (Herzog) und 19 anderen angesehenen Grafen.

Herzog Heinrich von Baiern ernannte bald nach seinem Regierungsantritt den jungen Gaugrafen zum baierischen Feldhauptmann als Heerführer gegen die Ungarn. (Ob es tatsächlich in Schöngeising und im Hunnenfeld bei Windach am Ammersee zu Schlachten kam gegen die Ungarn unter Rassos Führung, kann nicht amtlich nachgewiesen werden und bleibt eine Sage. Die Jahre 909 bis 912 und wieder 942 und 948 werden als Kriegsjahre genannt.) Von 902 bis 948 stand Rasso im Dienst des Baiernherzogs. Rasso sollte bei seinen Feldzügen gegen die auf kleinen Steppenpferden blitzschnell auftretenden Ungarn, zum Schutze ein Kreuz bei sich gehabt haben, das Kaiser Karl der Große (800) durch einen Engel vom Himmel erhalten haben soll, um die Christianisierung noch zu vollenden. (Die Chronik von Andechs von 1877 berichtet diese Begebenheiten.)

Geschichtlich nachgewiesen ist insbesondere die letzte große Entscheidungsschlacht des Baiernheeres unter Graf Rasso in Mauerkirchen bei Braunau an der bairisch-österreichischen Grenze, 948. Hier hatte der über acht baierische Schuh große Rasso (2,50m) den größten Sieg errungen, so daß die gefürchteten Mörder, Brandstifter und Zerstörer allen Lebens, nicht mehr in baierische Lande einbrachen, solange Rasso lebte.

In der Kirche in Mauerkirchen erinnert heute noch eine Darstellung des Ungarnbezwingers Rasso an seinen glänzenden Sieg als Dankbarkeit.

Älter geworden, zog sich Rasso in seine Stammburg auf dem Rassoberg bei Wildenroth zurück, kümmerte sich um seinen Gutshof und seine Leute und war weiterhin ein frommer Christ, wie es der Wunsch seiner guten Mutter war. Der damaligen christlichen Sitte entsprechend, machte auch Rasso eine Pilgerreise „ins gelobte Land". Mit Empfehlungsschreiben von Kaiser Otto I. an den Papst in Rom und an den Kaiser von Konstantinopel ausgerüstet, trat Rasso 949 in Begleitung der Herzogin Judith, der Tochter des Herzogs Arnulf und Gemahlin des Herzogs Heinrich, die Wallfahrt mit seinen Begleitern an. Zunächst führte der Weg nach Rom, dann ins hl. Land. Auf dem Rückweg kamen sie über Konstantinopel wieder nach Rom und über Mailand in die Heimat zurück. Viele Kunstschätze und Reliquien, so den Leib des hl. Thimoteus und die Kinnlade des hl. Johannes d.T. konnte Rasso zunächst in seine Stammburg mit Burgkapelle bringen, die dann sein Kloster aufnahm.

Eines Tages stand Rasso auf einer Burgzinne seines Gutshofes und erinnerte sich seines Gelübdes, das er vor der beschwerlichen Pilgerreise machte. Dann nahm er seinen Speer (Lanze) — eine andere Überlieferung sagt vom Hammer — und schleuderte ihn mit voller Kraft in Richtung seines Elternhauses in Dießen. Dort wo er auftraf, erbaute er eine Kirche und ein kleines Klostergebäude für 12 Mönche. Inmitten des Amperwörths der noch aus dem etwa 1m hohen Wasser des Ampermooses herausragte, entstand das hölzerne Gebetshaus. So geschehen Anno Domini 950.

Am Festtag der Pilgerapostel Philippus und Jakobus 951 konnte die Kirche „St. Salvator" von Rassos großem Zeitgenossen und persönlichem Freund, Bischof Ulrich von Augsburg die kirchliche Weihe erhalten. (Rasso stammt von Dießen ab, das nach Augsburg gehörte, deshalb die Zugehörigkeit zum alten Römerbistum Augsburg.)

952 trat Rasso als frommer Christ selbst in das von ihm gestiftete Kloster ein. Als schlichter Benediktinermönch diente er Gott dem Herrn, so wie er in seinen besten Jahren seiner Heimat gedient hat. Seinen kurzen Lebensabend beschloß Rasso am 19. Juni 954.

Bereits ein Jahr nach seinem Tode mit ca. 74 Jahren, zogen die Ungarn wiederum donauaufwärts und folgten mordend und plündernd den Flüssen und belagerten Augsburg, das seit der Römerzeit befestigt war. Bischof Ulrich konnte seine Leute solange in der Stadt zum Ausharren bewegen, bis

Abb. 24 Ulrichsbrünnlein

König Otto I. (962 zum Kaiser gekrönt) mit drei Heerzügen der Baiern, Franken und Sachsen Augsburg entlastete und die Ungarn auf das Lechfeld zurückdrängte und dort am Laurentiustag (10. August) 955 so vernichtend schlug, daß sie nie mehr in deutsche Lande einbrachen. Beim Rückzug zerstörten und brandschatzten die Ungarn alles von Menschenhand geschaffene, darunter auch die Kirche, Kloster, landwirtschaftlichen Gutshof in Grafrath und die Stammburg auf dem Rassoberg. Das Grab Rassos, das wie bei allen Kirchenstiftern zu Füßen des Hochaltares war, fanden die Ungarn in der Eile nicht, denn sie wurden von König Ottos Truppen verfolgt. Am heutigen Ulrichsbrünnlein betete Bischof Ulrich zu Gott, er möge eine Quelle entspringen lassen aus dem Abhang, um die Truppen und Pferde mit frischem Wasser zu laben und die Verfolgung der Ungarn weiter aufnehmen zu können. Und so geschah es.

4.2. Die Klosterkirche Rasso

Siehe [4], ab Seite 28, Wolfgang Völk; gekürzt

950 entstand die erste Kirche in Grafrath zu Ehren des Göttlichen Heilandes und seiner Apostel Philippus und Jakobus, die als Pilgerapostel verehrt wurden.

Vor dem letzten Ungarnsturm 955 auf Augsburg konnten die Grafrather Benediktinermönche Adalbertus, Adalherus und Eusebius die Kunstschätze und Reliquien, die der hl. Rasso vom heiligen Land bei seiner Pilgerreise nach Hause brachte und diejenigen Schätze des benachbarten iroschottischen Frauenklosters St. Margareth/Weißenzell bei Moorenweis/Eismerszell, in die damals befestigte Burg Andechs retten, wo sie verblieben sind.

Graf Arbo baute 974 als 2. Kirche, die Grabkirche seines Onkels Rasso wieder auf und ließ sie zur Erinnerung an den Sieg auf dem Lechfeld, dem hl. Laurentius weihen.

Eine Erweiterung erfuhr das kleine Gotteshaus durch Graf Berthold, so daß die dritte Kirche entstand. 1132 übereignete sie Papst Innozenz II. unter besonderer Anerkennung der schon tief verwurzelten Verehrung des hl. Rasso, dem Augustinerchorherrnstift Dießen. „Wir bestimmen, daß die Kirche, die sich in Werth befindet, in Zukunft dem Stift St. Stephan mit allen Rechten zugehört". Die Laurentiuskapelle, wie das 2. Gotteshaus auch erwähnt wird, ließ 1132 Probst Hartwig zu einer größeren Erlöserkirche umbauen und wieder den beiden Pilgeraposteln weihen. Seit dieser Zeit wird der Wallfahrtsort nicht mehr Wörth, sondern Sankt Graf Rath oder kurz Grafrath genannt.

Die kirchliche Verehrung des Grafen Rasso als eines Seligen, ist sehr alt. Aber auch seine Verehrung als Heiligen hat die Kirche anerkannt, was einer Heiligsprechung nahe oder gleichkommt. ...

Eine neue Kirche, die vierte, ließ Propst Balthasar Günther bauen. Der Brucker Bildhauer Kastner schuf den Hochaltar dazu.

Gute und schlechte Zeiten, wie der 30jährige Krieg, zogen vorüber. 1688 erfolgte die Grundsteinlegung zum jetzigen Bau. 1677/78 errichtete Propst Renatus Sonntag auf der südöstlichen Straßenseite gegenüber der Kirche das neue Klostergebäude. Am 17. Juli 1695 konnte die heute noch stehende fünfte Kloster- und Wallfahrtskirche zu Ehren des hl. Rasso von Weihbischof Eustachius Eglof mit ihren fünf Altären feierlich eingeweiht werden. Baumeister war der Bregenzer (Voralberg) Michael Thumb.

Man möchte es von der Ferne gesehen nicht glauben, daß die Klosterkirche St. Rasso ein Fassungsvermögen von 1700 Menschen hat. Eine harmonische Gliederung, eine Helligkeit im sakralen Raum, die guten wertvollen Altäre, die Fresken und Stukkaturen zeichnen diese fromme Gebetsstätte aus. Aus einem Langhaus mit drei Jochen (Gewölbeabteilungen) von denen das mittlere nach links und rechts zu einer Kapelle ausgeweitet ist und eine Art Querschiff bildet, sowie einem

Abb. 25 Rasso-Klosterkirche Grafrath

einbezogenen Chor mit halbrundem Abschluß, ist der Innenbau charakterisiert. Der Grundriß zeugt vom sogenannten Voralberger Münsterschema mit einschiffiger Anlage mit stichkappigen Tonnengewölbe und Gurtbändern. Pilaster tragen im Innern das Tonnengewölbe auf vasen- und puttengeschmückten in mattem Gelbgrün, von Gold und blassem Lila getönter Farbe, Kranzgesimse. Stukkaturen erinnern mit ihren Schildern, Lanzen und Schwertern an die einstige Würde des nunmehrigen Heiligen, als Heerführer Baierns. Die Lichtfülle, die durch die großen Fenster ins Innere kommt, wirkt hell und freundlich.

Das Schmuckstück ist der, von dem berühmten baierischen Rokokomeister Johann von Straub geschaffene Hochaltar (1759). Über dem Tabernakel ruht eindrucksvoll in einem Glassarg der hl. Rasso. Eine Opfersäule, von einer Wolke umschlungen, verbindet den Schrein mit dem Erlöser, der den demütig vor ihm knienden Rasso segnet. Das harmonisch verlaufende Gesamtbild schließt ein strahlenumgebender Wolkenbaldachin ab. Auf der Stirnseite der Opfersäule sind auf blauem Grund der goldene Reichsadler und der baierische Löwe angebracht, das Wappen der Grafen von Dießen und Andechs.

Die Deckenfresken, 1752 vom Künstler Georg Bergmüller aus Augsburg geschaffen, schildern den Lebensweg des Klostergründers Rasso. Im hinteren Kirchenschiff ein bewegtes Bild mit Rasso auf dem Schimmel im Kampf gegen die heidnischen Ungarn. Mehr in die Mitte zu, die Rückkehr des Pilgers Rasso vom hl. Land mit Erbauung der ersten Kirche.

4.3. Wildenroth, „Bayerisches Bethlehem"

Siehe [4], ab Seite 33, Wolfgang Völk; gekürzt

Wildenroth zählt durch seinen landschaftlichen Reiz zu den schönsten Dörfern unseres Landkreises. Eingebettet im engen Ampertal, emporgewachsen an den Höhenzügen südlich und nördlich der Amper, stehen die zierlichen Häuser und grüßen die vielen Wanderer, die hier in den ausgedehnten Wäldern Ruhe, Erholung, Entspannung und Beschaulichkeit suchen und auch finden. Überhaupt gehört das Ampertal von Grafrath angefangen bis hinunter nach Dachau und Freising zu den schönsten Landschaften im Flachland des nördlichen Alpenvorlandes. Wildenroth selbst ist ein Straßendorf. Zu beiden Seiten der Straßen und der Amper stehen die Einfamilienhäuser, denn eine andere Siedlungsform war wegen der Geländeformen nicht möglich.

Schon seit Jahrhunderten hindurch führt das Amperdorf Wildenroth den Ehrennamen **„Bayerisches Bethlehem"**. Eine Überlieferung will wissen, daß der erstgenannte Siedler im schönen Tal der oberen Amper, nämlich Gaugraf Rasso, nach seiner Pilgerreise ins „Gelobte Land" bei seiner Rückkehr dem Amperdörflein die Bezeichnung „Bayerisches Bethlehem" zuerkannte. Eine andere mündliche Überlieferung (nach Aussage von Thomas Reindl, + Wildenroth) besagt, daß Herzog Ludwig II., der Strenge, bei der Verteilung der Jagdbeute nach einer großen Treibjagd, auf der Wildenrother Theresienhöhe den Ausspruch gemacht habe, wir müssen diesem schönen Ort den Namen „Bayerisches Bethlehem" geben. Die hier im letzten Jahrhundert ansässigen Kunstmaler nahmen diese ehrenhafte Ortsbezeichnung gerne auf und so nahm diese den Weg hinaus in alle Richtungen.

Die Wildnisrodung gab dem Ort den Namen

Wildenroth als Ortsteil der heutigen Gemeinde Grafrath, hat seinen Namen von der Wildnis-Rodung im oberen Ampertal. Zwar hatten die hier schon stark vertretenen Ureinwohner Siedlerboden geschaffen; es galt aber diesen noch auszubauen und zu verbessern. Unter dem beliebten Baiernherzog Tassilo III. entstanden im 8. Jahrhundert zahlreiche Klöster, die im Umland größere Rodungen durchführten und dann vom Landesherrn zur wirtschaftlichen Stärkung ihrer Klostergemeinschaften dieses Rodungsland erhielten. Bereits 740 n.Chr. gründete das altbaierische Hochadelsgeschlecht der „Huosi" das Benediktinerkloster Benediktbeuern. Dieses sollte hier im Ampertal ebenso gerodet haben. Dies scheint insofern glaubhaft zu sein, da im nahen Türkenfeld heute noch der „Dreiherrenstein"[^] inmitten des Waldes nach Geltendorf sichtbar ist. Zwei gekreuzte Abtstäbe mit Inschrift versinnbildlicht Benediktbeuern. Das Herzoghaus Ingolstadt und die Landsberger Jesuiten haben auf den zwei anderen Seiten des Dreiherrensteins ihre Motive.

Eine sichere Nachricht erhalten wir, als Gaugraf Rasso sich um 900 auf dem Bergkegel nördlich von Wildenroth seine Stammburg mit Vorwerk erbaute. Der landwirtschaftliche Gutshof beim heutigen Höfen, erforderte eine Schmiede und eine Mühle, die zu beiden Seiten der Amperbrücke in Wildenroth zum Stehen kamen.

Eine gewisse Blütezeit erlebte das kleine Dorf im oberen Ampertal erst, als nach drei Jahrhunderten gegen 1260 die Ritter und Herren von Wildenrode hier Besitz ergriffen. In der Zwischenzeit ging das Leben weiter. So werden um 1220 die andechsischen Ministerialen von „Höven" genannt, die den Gutshof in Höfen weiter betrieben, der dann dem Kloster

Dießen zufiel, bis im 14. Jahrhundert das Zisterzienserkloster Fürstenfeld durch die Schenkung Kaiser Ludwig des Baiern neuer Besitzer werden konnte.

4.4. Wildenroth, Klosterfischer von Fürstenfeld

Siehe [4], ab Seite 41, Wolfgang Völk

Im alten Wildenroth gab es zwei Fischer, die im Auftrag des Klosters Fürstenfeld das Fischrecht auf der Amper ausübten. Es war der Großfischer (Haus Thomeyer, Hauptstraße 6, 1980) und der Kleinfischer (Haus B. Reischl, Forschnergaßl, 1980). Beide mußten an den Freitagen bestimmte Fischarten und Mengen an das Fürstenfeldische Kloster bringen. Der Großfischer aber hatte zusätzliche Auflagen, u.a. am Aschermittwoch und Karfreitag und wenn an besonderen Feiertagen hohe Gäste ins Kloster kamen, spezielle Fischlieferungen zu tätigen. Ab 1850 übte der Kleinfischer allein noch das Fischrecht in Wildenroth aus (kleine Recht der „Fischerey").

4.5. Wildenroth, 30-jährigen Krieg und Folgezeit

Siehe [4], ab Seite 44, Wolfgang Völk; gekürzt

Bis zum 30jährigen Krieg (1618-1648) hatte das Dorf schon eine gewisse Vergrößerung erfahren. Landwirtschaft und Gewerbe konnten eine bescheidene Aufwärtsentwicklung verzeichnen.

1618 gab es in Böhmen Unverträglichkeiten zwischen Katholiken und Protestanten, die Veranlassung zum 30jährigen Kriege gaben. Die Schweden fielen 1632 in das Innere von Bayern ein und hielten am 17. Mai 1632 ihren Einzug in der Landeshauptstadt München. Nun zogen sie ringsherum, plünderten das Kloster Fürstenfeld gänzlich aus und kamen auch amperaufwärts nach Wildenroth und Umgebung.

Die Bauern und Dorfleute flüchteten in die Wälder, bis die Gefahr wieder vorbei war. 1633 brach eine Hungersnot aus. Als die Schweden am 5. und 6. August 1634 wieder über den Lech gingen bei Augsburg, konnte man mit Schrecken vom Hl. Berg Andechs aus, über 40 Ortschaften brennen sehen. Spanische Truppen, die von Weilheim und Tölz kamen, verbreiteten 1637 eine pestartige Krankheit, welche bald so um sich griff, daß in München in kurzer Zeit über 15.000 Menschen starben. Fast alle umliegenden Dörfer von Wildenroth hatten die Pest.

1640 wurden die Amperdörfer von einem bisher nie dagewesenen starken Hochwasser heimgesucht, so daß viele Amperanlieger mit ihrem Vieh ausziehen mußten aus ihren Häusern auf höher gelegene Plätze. 1643 trat in Gestalt von Wölfen eine neue Plage auf. Endlich 1648 war Schluß dieses langen mörderischen Schwedenkrieges wie er beim Volk genannt wurde. Große Landstrecken waren verwildert, die Bewohner der Dörfer durch Krieg und Krankheiten aufgerieben. Wildenroth war noch im Jahre 1680, also 32 Jahre nach Kriegsende, wie eine einzige Brandstätte mit verödeten und verlassenen Ruinen. Kirchen und Kapellen und die Pfarrhöfe waren ausgeplündert. Es dauerte lange Zeit, bis die großen Schäden wieder behoben waren. Erst jetzt konnten auch die außerhalb des Dorfes angelegten Pestfriedhöfe in Ordnung gebracht werden. Im Dorffriedhof durften die Pestverstorbenen wegen des Übertragens der Bazillen nicht mehr bestattet werden, nur am Dorfrande bei Nacht. Der Mann begrub die Frau oder umgekehrt, die Kinder die Eltern. Das pestbefallene

Dorf mußte eine Stange über die Straße auf Schragen mit Strohwisch anbringen und durfte von keinem Fremden betreten werden und umgekehrt, es durfte Niemand heraus. Die Wildenrother brachten nach Jesenwang und nach Kottgeisering an den Ortsrand Speisen und Gewürze als diese Nachbardörfer von der Pest befallen war und umgekehrt.

Aber auch nach dem 30jährigen Krieg wurden die Menschen von Schicksalsschlägen nicht verschont. 1684 herrschte zwischen Hl. Dreikönig und Aschermittwoch eine so große Kälte, daß Seen und Flüsse zufroren und in München nur mehr drei Mühlen arbeiten konnten. Münchner Bäcker fuhren sogar bis nach Wildenroth zur Mühle, um Mehl zu kaufen. Die Amper war nicht zugefroren. Die Getreidepreise waren im 17. Jahrhundert großen Schwankungen unterworfen, wie alle Lebensmittel auch.

4.6. Wildenroth, das 19. Jahrhundert

Siehe [4], ab Seite 46, Wolfgang Völk; gekürzt

Die **Säkularisation** mit der Verstaatlichung des klösterlichen Besitzes leitete das 19. Jahrhundert ein. Kloster Fürstenfeld, zu dem ein Großteil unserer drei Amperdörfer (Schöngeising, Grafrath, Kottgeising) gehörte, fiel diesen Maßnahmen zum Opfer. Am 1. April 1803 wurden der Abt, sämtliche Conventualen und die angestellten Klosterdiener in Pension versetzt. Die Aufhebung von Fürstenfeld erfolgte am 17. März und den folgenden Tagen durch den als „Aufhebungs-Comissär" fungierenden churfürstlichen Landrichter von Dachau, Lizentiat Heydolph. Die Bauern nannten ihn „Heuteufel". Bei der Versteigerung der Klostergüter amteten als Schatzmeister der Schneider von Mammendorf und der „rothe

Glaser Jakob", Schmid von Bruck. Am 31. Juli 1803 wurden die Kloster-Realitäten an den Fabrikanten Leitenberger vom Reichsstaat in Böhmen, einem Protestanten, verkauft, zum Preis von 130.000 Gulden. Die zwei Höfe Roggenstein und Puch und 600 Tagwerk Waldungen gehörten dazu. Die „Religiosen" durften unentgeltlich im Kloster weiter wohnen. Allerdings blieb die Klosterkirche Fürstenfeld geschlossen, bis König Max I. diese unterm 13. August 1816 zur königlichen Landhofkirche erhoben hat.

Endgültig erlosch in Bayern auch die freiheitsberaubende Einrichtung des Mittelalters, die Leibeigenschaft (Leibeigene, Eigenmänner, Eigenleute und Unfreie genannt); geschehen am 31. August 1808. Die völlige Bauernbefreiung brachte erst das entscheidende Jahr 1848.

„Die gute alte Zeit" ist angebrochen

Als Alten- und Pflegeheim bekannt geworden, ist die bisherige Villa Marthashofen. Von Baumeister Joseph Kalb, München, 1894 erbaut, erhielt diese den Namen von einer Martha als Besitzerin. Lazarus war auch als Name bekannt geworden vom Besitzer Amtsgerichtsrat Lazarus. Freiherrr von Gillhausen war Vorbesitzer und erweiterte die Villa für ein Heim.

Eine Villa Mayr erbaute Professor Mayr, der im Versuchsgarten des Forstamtes Grafrath sehr erfolgreich war und durch seine Forschungen und Züchtungen weithin bekannt wurde. Schon sein Vater war Forstmeister in Grafrath von 1860-1890. Heinrich Mayr war Universitätsprofessor.

4.7. Eisenbahnlinie München-Lindau 1873

Siehe [4], ab Seite 52, Wolfgang Völk

Bereits 1860 wurden Überlegungen angestellt, von Bruck durchs Ampertal über Schöngeising nach Wildenroth, über Kottgeisering nach Türkenfeld und Geltendorf, die Bahnlinie zu errichten. Ein anderer Plan wollte von München über Olching, Bruck, Jesenwang und Moorenweis nach Landsberg eine Bahnstrecke wissen. Erst im Jahre 1869 konnte von der Regierung die heute noch bestehende Trassenführung beschlossen werden. 1870 begann der Bau. Nach schwerer Arbeit ist das begrüßenswerte Werk am 1. Mai 1873 in feierlicher Weise seiner Bestimmung übergeben worden. Die zuständige Bahnstation für die Gemeinden Wildenroth, Unteralting, Kottgeisering, Jesenwang, Moorenweis und Umgebung wurde mit „Bahnhof Grafrath" bezeichnet. Zunächst „pfauchten die Dampflokomotiven" an der Spitze der Eisenbahnwagen durch die Landschaft, bis die Diesellokomotiven ihren Einzug hielten. 1968 am 5. September, löste die S-Bahn durch die Elektrifizierung der Strecke München-Geltendorf das überkommene System ab. Die neuerbaute Leitung der Bundesbahn steht unter einer Spannung von 15.000 Volt. Während des Berufsverkehrs ist die 20-Minuten-Zugfolge. Diese auf den ganzen Tag auszudehnen, ist der Zukunft vorbehalten. *2024: heutige Zukunft ist ein 10-Minuten-Takt.*

4.8. Woher der Name „Entschädigungsholz"

Siehe [4], ab Seite 54, Wolfgang Völk

Bei der Aufhebung des Klosters Fürstenfeld 1803 wurden deren Gründe aufgeteilt. Wildenroth gehörte seit 1322 dorthin und hatte nun Anspruch auf alte Nutzungsrechte. Der allgemeinen Viehweide dienten die Buchenwälder in Richtung

Schöngeising und nördlich der Höfener Pfarrkriche. Nutzungsrechte galten ebenso für Bau- und Brennholz.

Als Entschädigung für die bisherigen Nutzungsrechte am Wald konnte den Wildenrothern am 20. Januar 1858 das gesamte Waldgrundstück rechts der heutigen Bundesstraße B471 bis zu den Schöngeisinger Feldern übereignet werden. Jeder erhielt einen Streifen Wald von der Brucker Straße (B 471) bis zur Amper. In den Katastern werden diese Waldparzellen als „**Entschädigungswald**" bezeichnet. Ein Teil wurde gerodet und Wiesen daraus gewonnen, die nun als Holzteil eingetragen sind.

Darum haben alteingesessene Bauern von Wildenroth hier nun große Waldparzellen (wie vermutlich die Familie Hackl).

4.9. Forstlicher Versuchsgarten Grafrath

Siehe [4], ab Seite 58, Wolfgang Völk

Bereits der damalige Oberförster Klement Mayr um 1880, bemühte sich um die Anpflanzung einiger fremdländischer Baumarten in Grafrath und legte so den Grundstein für den heute in aller Welt anerkannten Versuchsgarten mit bemerkenswerten Erfolgen. Eine Erweiterung dieser Kulturen erfuhren die Forschungsarbeiten durch dessen Sohn Universitätsprofessor Dr. Heinrich Mayr, der von mehreren Weltreisen mit Seiner Königlichen Hohheit Kronprinz Rupprecht v. Bayern Pflanzen und Samen aus Asien und Amerika mitbrachte. Mayr war Leiter des Versuchsgartens bis zu seinem Tode 1911.

Sein langjähriger Assistent und Nachfolger Geheimrat Prof. Dr. Ludwig Fabricius setzte den Ausbau fort und begann mit den herkunftsweisen Anbau der nun den ganzen Globus waldbildenden Holzarten aus gemäßigten Klimazonen.

1934 übernahm dessen Assistent und Mitarbeiter Uni.-Prof. Dr. Ernst Rohmeder die Leitung des forstl. Versuchsgartens Grafrath. Er nahm die vorhandenen Bestände, die in das mannbare Alter gekommen sind, um nun gelenkte Kreuzungen der verschiedenen Tannen-, Fichten- und Kiefernarten durchzuführen und die Nachkommen mit gleichartigen einheimischen Arten anpflanzte und verglich. Diese Arbeiten werden auch heute und in Zukunft fortgesetzt. 1971 ging die Leitung des Gartens an Uni.-Professor Dr. Alexander von Schönborn über. Auch er war Assistent seines Vorgängers. So ist eine kontinuierliche Fortsetzung der 1880 begonnenen Forschungsarbeiten bis auf den heutigen Tag gegeben. Es werden weiterhin noch nicht vorhandene Gehölze neu angepflanzt und beobachtet auf Klimaerträglichkeit und Massenleistung. Der Versuchsgarten hat eine eingezäunte Fläche von 34 ha. Er ist ein Teil der Forstdienststelle Grafrath und damit des Forstamtes Fürstenfeldbruck. Alle Finanzierungsprobleme werden über das Staatl. Forstamt Fürstenfeldbruck geregelt. Die Amtsvorstände des Staatl. Forstamtes Fürstenfeldbruck, Prof. Dr. Backmund von 1937 bis 1950 und dessen Nachfolger, Forstdirektor Ludwig Fleischer bis 1970, waren bzw. sind hier wohnhaft, hatten feste Verbindungen mit Versuchsgarten und der hiesigen Forstdienststelle.

Ab Mitte August bis Ende Oktober sind für die Öffentlichkeit Führungen, meist unter dem seit Kriegsende tätigen Forstangestellten Josef Leonhard Menzinger durch den Versuchsgarten, die sich großer Beliebtheit erfreuen.

4.10. Wildenroths Flößermeister

Siehe [4], ab Seite 58, Wolfgang Völk

Ein altes Flößermeister-Geschlecht, die Dellinger, übten im Amperdorf lange Zeiten hindurch ihren gefährlichen, aber auch schönen Beruf aus. Zunächst war es der Scheitholztrit vom Ammergau aus über den Ammersee, über unsere Amper hinab, nach Dachau. Die Holzscheiter (1 m lang) auf der Amper dahinziehend, wurden in Grafrath von den Flößermeistern und ihren Gehilfen übernommen; oft schon in Stegen, der Ausmündung der Amper aus dem Ammersee. Mit einem Kahn folgten die Flößer den Scheitern, damit keine an den Ufern hängen bleiben, zum anderen wegen Verhinderung eines Diebstahles. In einem großen Park in Dachau wurde bis zum Verkauf das Scheitholz gelagert. Noch heute heißt dieser Platz der „Holzgarten".

Um 1880 ging man dann zur Floßfahrt über. Das Langholz vom Dießener Forst wurde in Flöße gebunden und durch den Ammersee gesteuert. Bei günstigem Wind setzte Flößermeister Schwarz sogar die Segel um schneller nach Stegen zu kommen. Der alte Ammerseedampfer „Marie" zog einmal sogar 10 Floße durch den See. Ab Stegen übernahmen dann die Wildenrother Flößermeister Andreas Dellinger mit seinen sechs „gschdandenen Buam" (=Söhne) den Weitertransport auf der Amper, bis hinunter nach Dachau. Oftmals hängten diese bis zu 10 Floße zusammen. Aber von Grafrath ab mußte jedes Floß einzeln durch die vielen Amperwindungen gefloßt werden. Je 2 Mann steuerten ein Floß. Die Fahrtdauer von Grafrath nach Dachau waren 7 Stunden. Zu Fuß gings nach Bruck zurück und von dort mit dem Zug nach Grafrath. Dellinger lieferte jährlich vom Grafrather Forst selbst über dreitausend Festmeter Langholz an das Sägewerk Meyer in

Dachau. Auch nach Olching zu den beiden Holzstoff-Fabriken mußten aus dem Dießener und dem Grafrather Forst sehr viel Papierholz zur Verarbeitung gefloßt werden. Die Fuhrleute aus Kottgeisering und Moorenweis brachten das Holz zur Floßlände an der Grafrather Amperbrücke, wo es die Dellinger zu Flöße banden und abtransportierten per Wasser. Für 1 Ster Holz erhielt der Floßmeister für den Transport 1,30 Mark. Ein Floß hatte 25 bis 30 Festmeter. Seine 6 Söhne erhielten in den ersten Jahren nur ein Biergeld von ihrem Vater. Die Floßknechte jedoch 4 Mark im Tag. Die Olchinger Papierfabriken verarbeiteten täglich 110 Ster Papierholz. Bis 1930 führten

Flösser Dellinger von Wildenroth driftete seine Stämme bis Bruck an die Lände. Das Bild entstand 1929 an der Amper beim Zellhof, im Hintergrund sieht man Schöngeising. Er fuhr auf dieser Strecke auch mit Gästen, etwa Vereinen wie der Ambraria.

Abb. 26 Flöser von Wildenroth

die Dellingersöhne Georg und Ernst die Flößerei weiter. Auch Jakob Krautner und die Brüder Anton und Andreas Paintner halfen mehrere Jahre beim Flößen. Die Dellinger stiegen dann von der Floßfahrt zur Amper- und Ammersee-Schiffahrt um.

Das vorangehender Foto habe ich aus der Sammlung des Altbruckers Josef Schwalber, File 01, Seite 16:
„Brucker Land und Leute", 15...17.4.1995

4.11. Amperschiffahrt von 1880 bis 1942

Siehe [4], ab Seite 59, Wolfgang Völk

Abb. 27 Amperschifffahrt um 1900Amperschifffahrt um 1900

In feierlicher Weise konnte 1880 die Amperfluß-Schiffahrt von Grafrath nach Stegen und zurück, eröffnet werden. (Die Schiffahrt auf dem Ammersee selbst, bestand schon seit 1878). Durch den Bau der Eisenbahnlinie München-Lindau 1873 war für die Münchner Gelegenheit geboten, mit dem Zug nach Grafrath und von hier aus zum Ammersee, mit dem Schiff zu fahren. Und dieses Angebot konnte reichlich genutzt werden. Die bekannte Lokomotivfabrik Maffei in Allach erbaute das erste Amperschiff, das den Namen „Marie Therese" erhielt. Und dieses 120 Gäste fassende Schiff mit seiner muhenden Sirene lebt heute noch unter dem Namen „Mooskuh"" im Gedächtnis aller Heimatfreunde weiter. Der Zustrom von Fahrgästen war so groß, daß bald ein riesiger Schleppkahn mit 600 Sitzplätzen erbaut und an der „guten und beliebten Marie Therese" angehängt werden mußte. Doch zwei scharfe Windungen der Amper zwischen Grafrath und Stegen veranlaßten die Schiffahrtsgesellschaft zum „Halbieren" des Schleppers. Nun waren es zwei Schleppkähne mit je 300 Sitzplätzen, von dem großen Amperdampfer gezogen. Hochbetrieb herrschte besonders an Pfingsten mit über 2000 Ausflüglern, aber auch Wallfahrer zum Hl. Berg Andechs. Eine Verstärkung der Amperflotte war nötig. Das Privatschiff von König Ludwig II. mit Namen „Tristan" war die Entlastung, faßte aber nur bis zu 40 Personen. Ein weiteres Motorboot auf den Namen „Stegen" getauft, diente vorübergehend dem Personenverkehr. Leider ließ im Laufe der Zeit der bisherige lebhafte Schiffsverkehr nach. Während des 2. Weltkrieges 1942 mußte die Schiffahrt ganz eingestellt werden. Der „Alte Wirt" in Wildenroth hatte mit einem Truhenwagen die Gäste am Bahnhof Grafrath abgeholt und zum Dampfschiffgelände gefahren und abends wieder zurück. Es war eine romantische unvergeßliche Fahrt auf der Amper, bei untergehender Sonne durch das ruhige Ampermoos zu gleiten, die muhende Sirene der „Mooskuh" zu hören und einen erlebnisreichen Tag verbracht zu haben.

Abb. 28 Marie Therese, die „Mooskuh" von Grafrath

4.12. Stromanschluß und Kraftwerke

Siehe [4], ab Seite 59, Wolfgang Völk

Im Bereich der Gemeinde Wildenroth konnte auch das elektrische Licht eingerichtet werden und am 9. Oktober 1911 brannte dieses „komische Zeug" das erstemal und konnte die Wohnräume und Ställe erleuchten. Aber die Dorfbewohner waren anfangs nicht so begeistert davon und schimpften über dieses „moderne Glump", noch mehr, da das Einmontieren sehr teuer kam, wie sie glaubten.

Nachfolgend:

Geschichte der Stromversorgungen

4.12.1. Schloß Linderhof Grotte

König Ludwig II. hat durch das Schaffen seiner Gegenwelten und die Verwirklichung seiner Traumwelten unzweifelhaft die Handwerkskunst zu höchster Blüte gebracht und dem Freistaat Bayern einzigartige Bauwerke hinterlassen. Zur vollen Verwirklichung seiner Träume setzte er konsequent auch auf modernste High-Tech-Produkte. Um seine Venusgrotte in Linderhof in revolutionärer Farbenpracht zur Geltung bringen zu können, wurde z. B. eine umfangreiche Stromerzeugungsanlage mit insgesamt 24 Dynamos gebaut, und dies vor fast 150 Jahren im Jahr 1878. Die Anlage in Linderhof gelte daher als erstes ständiges Kraftwerk der Welt.

4.12.2. 1882 Fernübertragung von Strom

Im September 1882 wurde zur „Ersten Deutschen Elektrotechnischen Ausstellung" ein Experiment von Oskar von Miller und Marcel Depréz gezeigt. Über eine Distanz von 57 km von Miesbach nach München fand die erste Fernübertragung von Strom statt, um im Glaspalast einen künstlichen 2,50 m hohen Wasserfall mit Strom zu versorgen. *A. Wahr*

4.12.3. Walchensee-Kraftwerk

Ein Juwel der Technik in den Alpen *Uniper*

Das imposante Speicherkraftwerk Walchensee gilt als Wiege der industriellen Stromerzeugung in Bayern. 1924 fertiggestellt, war es damals mit einer Leistung von 124.000 Kilowatt (124 Megawatt) eines der größten Wasserkraftwerke der Welt. Auch heute noch gilt es mit der Jahreserzeugung von rund 300 Millionen Kilowattstunden (300 Gigawattstunden) als eines der größten Hochdruckspeicherkraftwerke in Deutschland. Seit 1983 ist es ein geschütztes Industriedenk-

Abb. 29 Das Walchensee Kraftwerk (Uniper)

mal. Die Anlagen am Walchensee sind ein anschauliches Beispiel für ein Speicherkraftwerk. Sie nutzen den Höhenunterschied zwischen einem hoch gelegenen Speichersee, hier dem Walchensee, und dem Walchenseekraftwerk am tiefer gelegenen Kochelsee. Es erzeugt Strom mit 50 Hz für die Öffentlichkeit und mit 16 2/3 Hz für die Bahn. Es wurde von Oskar von Miller entwickelt und gebaut.

Über die sechs 400 Meter langen Druckrohrleitungen stürzt das Wasser vom Walchensee zu den Turbinen im rund 200 Meter tiefer gelegenen Maschinenhaus am Kochelsee. Nachdem die potenzielle Energie des Wassers in mechanische Drehenergie der Turbinen umgesetzt wurde, fließt das Wasser über den Auslaufkanal des Kraftwerks in den Kochelsee.

Natürliche, saubere Wasserkraft

Vieles spricht für Wasserkraft (falls vorhanden), wenn es um die Energieerzeugung geht: Sie steht für Strom ohne Verbrennungsrückstände, ohne Lärm und ohne Abgase. Da es beim Betrieb zu keinem CO_2-Ausstoß kommt, hilft diese erneuerbare Energie, dem Klimawandel entgegenzuwirken.

Wasserkraft als ökologische Nische

Durch den Bau von Wasserkraftwerken entstanden neue Lebensräume für Flora und Fauna. Als Rückzugsgebiete seltener Pflanzen und Tiere sind sie ökologisch äußerst wertvoll. An den Wasserkraftstandorten von Uniper befinden sich rund 100 Natur-, Landschafts- und Vogelschutzgebiete sowie Flora-Fauna-Habitat-Regionen. Gemeinsam mit den Naturschutzbehörden unterstützt das Unternehmen die Pflege und den Ausbau dieser Gebiete und leistet damit einen Beitrag für den Erhalt einer natürlichen Umwelt.

Abb. 30 Pelton-Turbinentausch im Walchenseekraftwerk, Uniper

Verdopplung der Wasserkraft durch 180°-Umlenkung

Wasserkraft von Uniper

Uniper ist ein internationales Energieerzeugungsunternehmen. Deutschlandweit erzeugen viele eigene und betriebsgeführte Laufwasser-, Speicher- und Pumpspeicherkraftwerke umweltfreundlichen Strom.

Das Know-how erfahrener Mitarbeiter und Investitionen für aktiven Hochwasserschutz, Renaturierungsprojekte, die Entsorgung von Schwemmgut und die Erhaltung der Erzeugungsstruktur zahlen sich für die Menschen und die Umwelt rund um die Gewässer und Kraftwerke aus.

Große Verantwortung

Uniper stellt sich der gesellschaftlichen Verantwortung, eine sichere, ressourcenschonende und am Verbraucher orientierte Energieversorgung zu gewährleisten.

Oskar von Miller hatte eine Vision

Er wollte Bayern flächendeckend mit Strom versorgen, um die Wirtschaft anzukurbeln und den Wohlstand zu vermehren. Angeregt durch die damaligen Industrieausstellungen in den Metropolen Europas und Nordamerikas, organisierte der 27-jährige Oskar von Miller 1882 eine ähnliche Ausstellung im Münchner Glaspalast. Sie sollte zur Initialzündung für die Elektrizitätsversorgung in Bayern werden. Die absolute Sensation war, dass zum ersten Mal Strom über eine größere Entfernung übertragen wurde. Mit einer Spannung von 150 bis 200 Volt floss Strom von Miesbach – wo er erzeugt worden war – ganze 57 Kilometer bis zum Glaspalast nach München. Oskar von Miller lieferte so den Beweis, dass sich Strom auch über große Strecken transportieren lässt.

Technische Daten

Speicherkraftwerk Walchensee	
Ausbauleistung	124.000 kW (124 MW)
Regelarbeit pro Jahr ca.	300 Mio. kWh
Turbinentypen	4 Francis, 4 Pelton
Leistung	4 x 18.000 kW (18 MW)
	4 x 13.000 kW (13 MW)
Drehzahl	500 U/min (Francis)
	250 U/min (Pelton)
Turbinendurchfluss	84 m^3/sec max.
Fallhöhe	200 m
Wasserdaten Walchensee rd. 800 mNN	16 km^2 (Oberfläche)
Wasserdaten Kochelsee rd. 600 mNN	6 km^2 (Oberfläche)
tiefste Absenkung des Walchensees	– 6,60 m
Speicherraum	110 Mio. m^3
Isarüberleitung	25 m^3/sec max.
Rißbachüberleitung	12 m^3/sec max.
Sonstige Seezuflüsse	3 m^3/sec
Laufwasserkraftwerke	
Obernachkraftwerk Installierte Leistung	12.800 kW (12,8 MW)
Regelarbeit pro Jahr ca.	50 Mio. kWh
Niedernachkraftwerk Installierte Leistung	2.400 kW (2,4 MW)
Regelarbeit pro Jahr ca.	10 Mio. kWh
Kraftwerk Schönmühl Installierte Leistung	5.000 kW (2,4 MW)
Regelarbeit pro Jahr ca.	30 Mio. kWh
Kleinkraftwerke	
Kraftwerk Krün Installierte Leistung	200 kW (0,2 MW)
Regelarbeit pro Jahr ca.	1,6 Mio. kWh
Kraftwerk Kesselbach Installierte Leistung	200 kW (0,2 MW)
Regelarbeit pro Jahr ca.	1,5 Mio. kWh

Das Königreich Bayern verfügte über wenig Kohlevorräte. Daher regte von Miller bereits 1911 an, generell auf die Wasserkraft zu setzen, um Strom zu gewinnen. Einzelne Kraftwerke sollten über ein umfassendes Hochspannungsnetz ganz Bayern, aber auch die Bahn mit Strom aus Wasserkraft versorgen.

Am 21. Juni 1918 beschloss der Bayerische Landtag den Bau des Walchenseekraftwerks – so wie es von Miller geplant und vorgeschlagen hatte. Um Strom zu gewinnen, sollten die 200 Meter Höhenunterschied zwischen Walchensee und Kochelsee genutzt werden.

Es begann am Walchensee

Der Bau des Walchenseekraftwerks war für die Zeit nach dem Ersten Weltkrieg eine Meisterleistung. Über 2.000 Arbeiter und Ingenieure fanden am Kochelsee Brot und Arbeit. In dem sehr dünn besiedelten Gebiet gab es zunächst so gut wie keine Straßen oder Wohnungen für die Beschäftigten. Unter unvorstellbaren Mühen mussten die Arbeiter schwerste Bauteile wie Rohre, Turbinen und Generatoren herbeischaffen. Im Winter war das Baumaterial teilweise nur mit Schlitten zu befördern.

Am 24. Januar 1924 war es so weit: Das Wasser vom Walchensee trieb zum ersten Mal eine Turbine an. Aus einem der sechs Rohre schoss das Wasser auf eine Turbine im Kraftwerk. Ihre Drehbewegung brachte wiederum den gekoppelten Generator zum Laufen. Der erste Strom floss aus dem Kraftwerk in die Leitungen. In den Monaten danach folgten die weiteren sieben Turbinen. Mit einer Leistung von 124.000 Kilowatt (124 Megawatt) war nun das Walchenseekraftwerk eines der größten Wasserkraftwerke der Welt. Auch heute noch gilt es mit seinen rund 300 Millionen Kilowattstunden (300 Gigawattstunden) pro Jahr als eines der größten Hochdruckspeicherkraftwerke in Deutschland.

Abb. 31 Maschinenhalle im Walchenseekraftwerk (Uniper)

4.12.4. Wasserkraftwerk Schöngeising
Sauberer Strom seit 1892
von den Stadtwerken Fürstenfeldbruck

Technische Daten

Baujahr:	1892
Ausbaufallhöhe:	2,1 Meter
Zufluss:	18,1 m^3/sec
Turbine:	3 Francis-Turbinen

Leistung

Turbine 1:	161 kW
Turbine 2:	110 kW
Turbine 3:	110 kW
Jahresproduktion	2 Mio. kWh (Durchschnitt)
Betriebsstunden	Dauerbetrieb je nach Wasserführung der Amper
Versorgte Haushalte	ca. 650
CO_2-Einsparung	ca. 850.000 kg/Jahr im Vergleich zum deutschen Strommix 2018

Funktionsweise

Das Schöngeisinger Wasserkraftwerk ist ein Laufwasserkraftwerk und hat daher nur eine geringe Stauhöhe (Oberwasser 1). Das Wasser der Amper wird durch ein Wehr im Amperkanal und die Staumauer des Kraftwerks angestaut. Die so erhöhte Wasserkraft des Flusses wird auf eine, nach dem Erfinder benannte, Francis-Turbine (2) übertragen. Dazu wird der Druck des Wassers in einer Schnecke (3) erhöht und anschließend radial auf das Turbinenrad geleitet. Über eine Welle treibt das Turbinenrad einen Generator (4) an, der elektrischen Strom produziert. Dieser wird über einen Transformator in das Mittelspannungsnetz eingespeist. 10...30 kV.

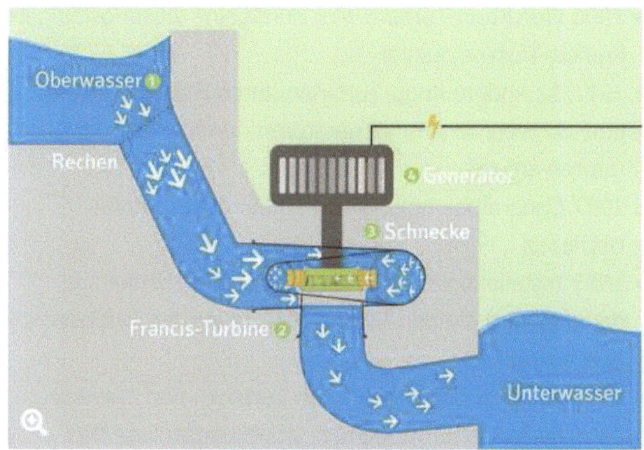

Abb. 33 Prinzip-Bild Turbine

Abb. 32 Kraftwerk Schöngeising

Geschichte

- 1891/92 Errichtung Kraftwerk Schöngeising (von Oskar von Miller entwickelt und erbaut)
- 1892 Inbetriebnahme von zwei Knop-Turbinen mit 120 PS, Versorgung der Straßenbeleuchtung in Fürstenfeldbruck über eine 7 km lange Leitung
- 1896 Einbau einer dritten Turbine

- 1906 Eine Knop-Turbine wird durch eine leistungsfähigere Francis-Turbine ersetzt
- 1911/12 Andere Knop-Turbinen durch Francis-Turbinen ersetzt, Wechselstromgeneratoren durch Drehstromgeneratoren ersetzt
- 1937 Generalüberholung und Einbau eines Wülfel-Getriebes
- 1983 Installation einer automatischen Rechenanlage, dadurch wird die permanente Besetzung des Kraftwerks überflüssig
- 2010 Revision der zwei älteren Turbinen und Getriebe
- 2015 Einbau einer modernen Steuerungsanlage Das Laufwasserkraftwerk Schöngeising ist das zweitälteste seiner Art in Deutschland, dessen Turbinen seit über 100 Jahren ihren Dienst verrichten.

4.12.5. Wasserkraft von den Stadtwerken FFB

Sauberer Strom seit 1892

Erneuerbare Energien haben bei den Stadtwerken Fürstenfeldbruck seit unserer Gründung Tradition. Wasserkraft ist dabei unsere saubere Energiequelle der ersten Stunde und leistet bereits seit 130 Jahren einen nachhaltigen Beitrag zum Klimaschutz. Allein unsere drei Wasserkraftanlagen entlang dem Fließgewässer der Amper erzeugen im Durschschnitt 9,54 MWh umweltfreundliche Energie pro Jahr und versorgen über 3.150 Haushalte mit Ökostrom. Diese ökologische Art der Stromerzeugung lässt auch die Natur aufatmen – Wasserkraft der Stadtwerke Fürstenfeldbruck spart gegenüber konventionellen Methoden jährlich mehr als 4.000 Tonnen CO_2 ein.

4.12.6. Wasserkraftwerk Obermühle in Fürstenfeldbruck auf der Lände

Technische Daten

Baujahr:	1920 erster Bau 1949 Neubau und Stauerhöhung
Ausbaufallhöhe:	4,9 Meter
Zufluss:	18,1 m^3/sec
Turbine:	2 Kaplan-Turbinen

Leistung

Turbine 1:	897 kW
Turbine 2:	445 kW
Jahresproduktion	7,5 Mio. kWh (Durchschnitt)
Betriebsstunden	Laufzeit Dauerbetrieb je nach Wasserführung der Amper
Versorgte Haushalte	ca. 2.500
CO_2-Einsparung	ca. 3,2 Mio. kg/Jahr, im Vergleich zum deutschen Strommix 2018

Funktionsweise

Das Wasserkraftwerk Obermühle ist ein Laufwasserkraftwerk und hat daher nur eine geringe Stauhöhe (Oberwasser 1). Das Wasser der Amper wird durch ein Wehr im Amperkanal und die Staumauer des Kraftwerks angestaut. Die so erhöhte Wasserkraft wird auf eine, nach dem Erfinder benannte, Kaplan-Turbine (2) übertragen. Dazu wird das Wasser über den Leitapparat (3) axial auf das Turbinenrad geleitet. Über eine Welle treibt das Turbinenrad einen Generator (4) an, der elektrischen Strom produziert. Dieser wird über einen Transformator in das Mittelspannungsnetz eingespeist.

Geschichte

- 1909 Erwerb der Obermühle
- 1919/20 Bau des Kraftwerks Obermühle
- 1920 Einweihung am 4. Dezember mit einer Turbine mit 250 PS, bei einer Fallhöhe von 2 Metern und einem Durchfluss von 11,75 m^3/sec
- 1925 Errichtung des Hochwasserwehres zur Vergrößerung des Nutzgefälles
- 1928 Einbau einer zweiten Turbine (Escher-Wyss-Propellerturbine mit 250 PS)
- 1931 Bruch der Turbinenwelle des ersten Generators (danach wurde ein Renkgetriebe eingebaut)
- 1946 Beginn des Ausbaus der Obermühle (Oberwasserkanal)
- 1948 Stilllegung wegen des Neubaus des Kraftwerk- und Schalthauses
- 1948/1949 Neubau mit dem Einbau von zwei Kaplan-Turbinen
- 1987/88 Sanierung der Turbinen (Umstellung auf Wasserschmierung)
- 1992–94 Neue hydraulische Regler
- 1995 Synchronisierung auf Automatikbetrieb
- 2002 Sanierung des Wehrs am Hallenbad (AmperOase)
- 2008 Erneuerung der Schützentafeln mit Antrieben

4.12.7. Wasserkraft in Fürstenfeld
Ursprünglich der Wasserradantrieb der Kloster-Mühle

Technische Daten

Baujahr:	1924
Ausbaufallhöhe:	2,1 Meter
Zufluss:	7,0 m^3/sec
Turbine:	1 Francis-Turbine

Leistung

Turbinen-Leistung	100 kW
Jahresproduktion	40.000 kWh (Durchschnitt)

Laufzeit: Die Anlage wird nur noch selten betrieben,
da ansonsten Wasser auf den Anlagen
Schöngeising und Obermühle fehlt
Betrieb nur bei Vorführungen!

Funktionsweise

Das Wasserkraftwerk in Fürstenfeld ist ein Laufwasserkraftwerk und hat daher nur eine geringe Stauhöhe (Oberwasser 1). Das Wasser der Amper wird durch ein Wehr im Amperkanal und die Staumauer des Kraftwerks angestaut. Dieses Kraftwerk hat eine separate Schleuse. Die Energie des Wassers wird auf eine, nach dem Erfinder benannte, Francis-Turbine (2) übertragen. Dazu wird der Druck des Wassers in einer Schnecke (3) erhöht und anschließend radial auf das Turbinenrad geleitet. Über eine Welle treibt das Turbinenrad einen Generator (4) an, der elektrischen Strom produziert. Dieser wird über einen Transformator in das Niederspannungsnetz eingespeist.
(Alfons: ob dies alles stimmt? Sieht sehr kopiert aus!)

4.13. Stromanschluß unserer Gemeinden

Alfons Wahr

Eines der ersten öffentlich verwendeten kommerziellen Wasser-Kraftwerke entstand in Schöngeising. 1891/92 Errichtung des Kraftwerks Schöngeising, von Oskar von Miller entwickelt und erbaut. Siehe oben Kap. 4.12.4. Als erstes wurde der Strom über 6,5 km weit nach Fürstenfeldbruck in die Altstadt geführt für Gewerbebetriebe, für Geschäfte, für eine Straßenbeleuchtung und nachfolgend für die Stadthäuser.

Karl Menhart, der Opa meiner Frau, arbeitete nach dem 1. Weltkrieg bei der neu gegründeten Stadtwerke von Fürstenfeldbruck, diese haben Strommasten gesetzt und er hat – als Spengler an luftige Höhen gewöhnt – oben auf der Mastspitze die Leitungen angeschlossen. So wurden die Stadt und umliegenden Dörfer, wie auch Mauern und Wildenroth, also elektrifiziert. – Er hat auch eine Dachständer-Mastdurchführung erfunden, die man nachträglich montieren konnte ohne den ganzen Mast und die Leitungen zuvor zu entfernen.

Literaturverzeichnis

[1] Helmut Bloid, „Gröbenzell, Landschaftsentstehung, Torf und Alm“, 2003; erhältlich im Heimatmuseum Gröbenzell

[2] Horst Hell, „Heimatbuch Gröbenzell“, 1982; erhältlich im Heimatmuseum Gröbenzell

[3] Walter Irlinger, Toni Drexler, Rolf Marquardt, „Landkreis Fürstenfeldbruck, Archäologie zwischen Ammersee und Dachauer Moos“, Verlag Theiss; der Verlag ist aufgelöst, das Buch ist nur noch im Antiquariat erwerbbar

[4] Wolfgang Völk, „Heimatbuch Grafrath, Kottgeisering, Schöngeising, Selbstverlag

Bildverzeichnis

Bild-Referenzen

Siehe die Referenz-Angaben beim Bildverzeichnis in der Spalte ganz rechts.

AS	Alt Schwalber, seine Chronik
JW	Johannes Wahr, 180°-Foto
Wnnnn	Fotos Alfons Wahr, IMG-Nummer
[x] Seite	siehe Literatur, Seitenangebe
[3] 21	und W8990
[3] 24	und W8999, W9000
[3] 185	und W20230408_162546
[3] 186	und W20230408_162538
[4]nn	siehe Literatur, Seitenangebe 8)
2)	und W9108-W9114
3) 4) 5)	Freigabe von Uniper
6) 7)	Freigabe durch Stadtwerke Fürstenfeldbruck

Anmerkungen:

1) https://www.planet-schule.de/mm/die-erde/Barrierefrei/pages/Wie_entstand_das_Leben.html
2) https://de.wikipedia.org/wiki/Superkontinent
3) Screenshot 2024-12-18 at 20-13-33 Broschüre Kraftwerk Walchensee.pdf.png
4) Screenshot 2024-12-18 at 20-55-13 Broschüre Kraftwerk Walchensee.pdf.png
5) Screenshot 2024-12-18 at 21-10-03 Broschüre Kraftwerk Walchensee.pdf.png
6) Stadtwerke, Kraftwerk Schöngeising: ffb-schaubild-ez-francis-turbine.jpg
7) Stadtwerke, Kraftwerk Schöngeising: schoengeising-wasserkraft.jpg
8) Wolfgang Völk, persönlich genehmigt (posthum)
9) Quelle nicht mehr gefunden!

Zum Autor

Ich, Alfons J. Wahr, habe nach einem Beruf studiert: Dipl. Ing. für Feinwerktechnik und Optik, sowie Dipl. Informatiker mit Elektrotechnik. Im Berufsleben zumeist als Elektroniker gearbeitet als Angestellter und als Selbständiger. Computer-Wissenschftler, Telekommunikation bei Siemens.

Gab 2022 ein erstes Buch heraus mit dem Titel: „Im Garten der Erinnerung, persönliche Erlebnisse in Gröbenzell, 1950 – 1980", ISBN: 978-3-7568-7422-4. Dort ist auch eine ausführlichere Autor-Beschreibung enthalten.

Eine 2. erweiterte Ausgabe ist für Dez. 2024 geplant.

Das zweite Buch ist privater Natur, es ist nicht öffentlich erhältlich, eine Chronik für einen eingeschränkten Personenkreis. Dazu schrieb ich ein einleitendes Kapitel mit etwa 100 Seiten Umfang. Die Arbeit daran ist für mich abgeschlossen, jetzt müssen die Mitautoren noch ihre Beiträge einbringen.

Aus dem einleitendem Kapitel meines zweiten Buches erstellte ich mein drittes Buch, das sie nun in ihren Händen halten.

Mehrere weitere Bücher sind bereits in Arbeit.

Dank

gebührt wikipedia und den Autoren meines Literaturverzeichnisses, aus denen ich Teile entnommen habe. Wolfgang Völk erteile mir die Erlaubnis beim Kauf seines Buches, als ich ihn heimfuhr.